Essentials Exposed: Foundations of Particle Physics and Quantum Theory

कण भौतिकी और क्वांटम सिद्धांत के मूल सिद्धांतों का उद्घाटन:

Vikas Nair

Copyright © [2023]

Title: Essentials Exposed: Foundations of Particle Physics and Quantum Theory
Author's: Vikas Nair

This book was printed and published by [Publisher's: **Vikas Nair**] in [2023]

ISBN:

TABLE OF CONTENT

Chapter 1: The Building Blocks of Reality   10

- Introduction to particle physics: What are particles? Standard Model overview.

- Subatomic symphony: Electrons, protons, neutrons, and the quark dance.

- Forces of nature: Unveiling the strong, weak, electromagnetic, and gravitational forces.

Chapter 2: Unveiling the Quantum World   17

- Quantum revolution: Breaking free from classical physics, Planck's constant, and wave-particle duality.

- Uncertainty waltz: Heisenberg's uncertainty principle and the limits of knowledge.

- Quantum leaps: Schrödinger's equation, wave functions, and quantized energy levels.

Chapter 3: Probing the Atom　24

Chapter 4: Forces in Action　31

Chapter 5: Particles in Collision　40

TABLE OF CONTENT

अध्याय 1: वास्तविकता के निर्माण खंड

- कण भौतिकी का परिचय: कण क्या हैं? मानक मॉडल का अवलोकन।
- परमाणविक संसार का महाकाव्य: इलेक्ट्रॉन, प्रोटॉन, न्यूट्रॉन और क्वार्क का नृत्य।
- प्रकृति के बल: प्रबल, दुर्बल, विद्युतचुंबकीय और गुरुत्वाकर्षण बल का उद्घाटन।

अध्याय 2: क्वांटम जगत का अनावरण

- क्वांटम क्रांति: शास्त्रीय भौतिकी से मुक्त होना, प्लांक स्थिरांक और तरंग-कण द्वैतता।
- अनिश्चितता का नृत्य: हाइजेनबर्ग का अनिश्चितता सिद्धांत और ज्ञान की सीमाएँ।
- क्वांटम छलांग: श्रोडिंगर समीकरण, तरंग फलन और परिमाणित ऊर्जा स्तर।

अध्याय 3: परमाणु का अन्वेषण

बोहर मॉडल: ऑर्बिटल में इलेक्ट्रॉनों के साथ परमाणु संरचना को समझना।

बोहर से आगे: परमाणु ऑर्बिटल, क्वांटम संख्या और इलेक्ट्रॉन विन्यास।

स्पेक्ट्रोस्कोपी: उनके प्रकाश का विश्लेषण करके परमाणुओं के रहस्यों का उद्घाटन।

अध्याय 4: प्रलयकारी खेल

विद्युतचुंबकीय बल: परमाणुओं को जोड़ने वाला बंधन और प्रकाश का ईंधन।

प्रबल नाभिकीय बल: नाभिक के अंदर प्रोटॉन और न्यूट्रॉन को एक साथ रखना।

दुर्बल नाभिकीय बल: रेडियोधर्मी क्षय और न्यूट्रीनो उत्सर्जन के लिए जिम्मेदार।

गुरुत्वाकर्षण: अनंत रहस्य, क्वांटम सिद्धांत से इसका संबंध और निरंतर शोध।

अध्याय 5: कणों का महा टकराव कण त्वरक: परमाणुओं को तोड़ना और नए क्षितिज खोलना।

- कण संसूचक: क्षणिक उप-परमाणविक अंतःक्रियाओं के नाजुक निशानों को पकड़ना।
- मानक मॉडल सक्रिय: भविष्यवाणियों की पुष्टि करना और नए कणों की खोज।

अध्याय 6: क्वांटम की पहेली क्वांटम

विचित्रता: उलझाव, सुपरपोजिशन और वास्तविकता का गैर-स्थानीय स्वभाव।

- क्वांटम विरोधाभास: बेल का प्रमेय, मापन समस्या और पर्यवेक्षक प्रभाव।
- क्वांटम सिद्धांत के अर्थपूर्ण चित्र: कोपेनहेगन, बहु-संसार और इसे समझने के अन्य प्रयास।

Chapter 1: The Building Blocks of Reality

- Introduction to particle physics: What are particles? Standard Model overview.

- Subatomic symphony: Electrons, protons, neutrons, and the quark dance.

- Forces of nature: Unveiling the strong, weak, electromagnetic, and gravitational forces.

Chapter 1: The Building Blocks of Reality

अध्याय 1: वास्तविकता के निर्माण खंड

परमाणुओं से परे: सूक्ष्म जगत की अदभुत कथा

कभी सोचा है कि यह खूबसूरत दुनिया जिस पर हम खड़े हैं, उसे किस चीज ने बनाया है? क्या वह ईंटें और पत्थर, लकड़ी और लोहा ही हैं, या उससे भी छोटे, अदृश्य इमारत के ब्लॉक्स मौजूद हैं? खैर, तैयार हो जाइए, क्योंकि हम आज उसी अदृश्य, सूक्ष्म जगत की यात्रा पर निकल रहे हैं जहां कणों का नृत्य होता है, बल अपना साम्राज्य चलाते हैं, और प्रकृति के नियम एक अलग ही नज़र आते हैं.

यहां, इस अध्याय में, हम पार्टिकल फिजिक्स (कण भौतिकी) के रोमांचक संसार में पहला कदम उठाएंगे. सबसे पहले, आइए जानते हैं कि ये कण आखिर हैं क्या?

सोचिए, आप किसी चीज़ को बारी-बारी काटते जाते हैं, फिर छोटे से छोटा टुकड़ा पाने की आस में उम्मीद बांधते हैं, लेकिन जैसे ही आपको लगता है कि यही सबसे छोटा कण हुआ, बूम! एक और सूक्ष्म इकाई सामने आ जाती है! यही कणों का सार है - वो ब्रह्मांड के निर्माण खंड, पदार्थ के सबसे मूलभूत टुकड़े हैं, जिनसे सारा कुछ बना है, चाहे वो हमारा शरीर हो, चांद हो या दूर की आकाशगंगा.

अब, क्या ये सिर्फ अलग-अलग प्रकार के कण बेतरतीब घूमते रहते हैं या उनका कोई नियम-कायदा है? बेशक है! इन्हीं कणों और उनके बीच के खेल को समझने के लिए वैज्ञानिकों ने मानक मॉडल (Standard Model) नाम का ढांचा तैयार किया है. यह ढांचा बताता है कि ब्रह्मांड में पाए जाने

वाले सभी मूलभूत कणों को तीन परिवारों में बांटा जा सकता है - क्वार्क, लेप्टॉन और गेज बोसॉन.

पहले परिवार में वो छोटे शरारती बच्चे आते हैं जिन्हें क्वार्क कहते हैं. यही वो सूक्ष्म इकाइयां हैं जो मिलकर प्रोटॉन और न्यूट्रॉन बनाते हैं, और ये प्रोटॉन-न्यूट्रॉन ही मिलकर परमाणुओं का नाभिक बनाते हैं. दूसरे परिवार में इलेक्ट्रॉन जैसी चंचल कणें रहती हैं जो परमाणुओं के चारों ओर घूमती हैं. तीसरे परिवार में गेज बोसॉन नाम के बलवाहक कण रहते हैं, जो ब्रह्मांड के चार मूलभूत बलों - गुरुत्वाकर्षण, विद्युतचुंबकीय बल, प्रबल न्यूक्लियर बल और दुर्बल न्यूक्लियर बल - को एक कण से दूसरे कण तक पहुंचाने का काम करते हैं.

मानक मॉडल एक खूबसूरत पहेली की तरह है जो हमें दिखाता है कि सूक्ष्म जगत किस तरह समरूपता से जुड़ा हुआ है. लेकिन ये सफर अभी शुरू हुआ है. आने वाले अध्यायों में हम और गहराई से देखेंगे कि ये बल कैसे काम करते हैं, कण कैसे टकराते हैं और नए सूक्ष्म जगत का निर्माण करते हैं, और क्वांटम थ्योरी का अद्भुत नृत्य कैसे इस पूरे ब्रह्मांड को प्रभावित करता है.

तो तैयार हो जाइए, कण भौतिकी की रोमांचक यात्रा आपको विज्ञान की एक ऐसी दुनिया में ले जाने वाली है जहां कल्पना हकीकत से मिलती है और सच्चाई अक्सर कथाओं से भी ज्यादा अद्भुत होती है.

शब्द गणना: लगभग 350 शब्द.

नोट: 1200 शब्दों का पूरा अध्याय लिखने के लिए हमें आपके द्वारा इच्छुक विशिष्ट विषयों और पहलुओं पर चर्चा करने की आवश्यकता होगी. उदाहरण के लिए, आप मानक मॉडल के प्रत्येक कण परिवार की गहराई से व्याख्या चाहते हैं, बलों के कार्यों का विस्तृत विवरण चाहते हैं

सूक्ष्म संसार का महानाद: इलेक्ट्रॉन, प्रोटॉन, न्यूट्रॉन और क्वार्क का नृत्य

हम जिस भव्य दुनिया में रहते हैं, वह पहली नज़र में ठोस और स्थिर लगती है. लेकिन क्या आप जानते हैं कि इस दृश्य जगत के पीछे एक और ही जगत छिपा हुआ है, जो इतना सूक्ष्म है कि हम नंगी आंखों से उसे देख नहीं सकते? ये है परमाणुओं से भी छोटे कणों का संसार, जहां आकर्षण और प्रतिकर्षण का महानाद बजता है, और ब्रह्मांड के सबसे महत्वपूर्ण किरदार अपना नृत्य करते हैं. इस अध्याय में, हम इस अदृश्य ऑर्केस्ट्रा के प्रमुख कलाकारों से मिलेंगे - इलेक्ट्रॉन, प्रोटॉन, न्यूट्रॉन और क्वार्क.

एकाकी पथिक: इलेक्ट्रॉन

इलेक्ट्रॉन की कहानी एक स्वतंत्र नर्तक की कहानी है. ये नन्हा, ऋणात्मक रूप से आवेशित कण परमाणु के नाभिक के चारों ओर अपनी कक्षा में निरंतर घूमता रहता है. लेकिन ये कोई बंधित कैदी नहीं है! इलेक्ट्रॉन क्वांटम थ्योरी के नियमों का अनुसरण करता है, जिसके तहत उसकी कक्षाएं निश्चित, परिमाणित ऊर्जा स्तरों तक सीमित हैं. वो कभी भी अराजकता नहीं फैलाता, हमेशा अपने निर्धारित मार्ग पर गति करता है. इलेक्ट्रॉन न केवल परमाणु को स्थिरता प्रदान करता है, बल्कि रासायनिक बंध निर्माण में भी अहम भूमिका निभाता है. जब परमाणु इलेक्ट्रॉन साझा करते हैं या प्राप्त करते हैं, तो अणु बनते हैं, जिससे हमारी दुनिया के अनगिनत पदार्थों का निर्माण होता है.

नाभिक के रक्षक: प्रोटॉन और न्यूट्रॉन

परमाणु के केंद्र में एक मजबूत किला बनाकर खड़े हैं प्रोटॉन और न्यूट्रॉन. प्रोटॉन धनात्मक रूप से आवेशित होते हैं, जो इलेक्ट्रॉनों को अपनी ओर आकर्षित करते हैं, जबकि न्यूट्रॉन, बिना किसी आवेश के, इस आकर्षण को संतुलित करते हैं. मिलकर, वे नाभिक का निर्माण करते हैं, जो परमाणु

का सबसे भारी और सबसे महत्वपूर्ण हिस्सा है. नाभिक की मजबूती ही परमाणु की पहचान तय करती है. हाइड्रोजन में सिर्फ एक प्रोटॉन होता है, जबकि सोने में 79! ये नाभिकीय निवासी न केवल ब्रह्मांड के विभिन्न तत्वों का निर्माण करते हैं, बल्कि रेडियोधर्मी क्षय जैसे महत्वपूर्ण परमाणु घटनाओं में भी प्रमुख भूमिका निभाते हैं.

क्वार्कों का महाकुल: प्रकृति का छिपा हुआ रहस्य

लेकिन प्रोटॉन और न्यूट्रॉन की कहानी यहीं खत्म नहीं होती. एक माइक्रोस्कोपिक लेंस के नीचे झांकने पर पता चलता है कि ये किरदार खुद तीन छोटे नर्तकों का नृत्य हैं, जिन्हें क्वार्क कहते हैं. प्रोटॉन में दो ऊपर क्वार्क और एक नीचे क्वार्क मिलकर नाचते हैं, जबकि न्यूट्रॉन में एक ऊपर क्वार्क और दो नीचे क्वार्क होते हैं. क्वार्क अपने भीतर विचित्र आकर्षण और प्रतिकर्षण का सामना करते हैं, जिन्हें हम प्रबल नाभिकीय बल कहते हैं. ये बल इतने शक्तिशाली होते हैं कि क्वार्क को अलग करना लगभग असंभव है, जिससे नाभिक का अस्तित्व बचा रहता है.

तो, ये इलेक्ट्रॉन, प्रोटॉन, न्यूट्रॉन और क्वार्क मिलकर हमारे आसपास की दुनिया का सूक्ष्म संसार गढ़ते हैं. उनके नृत्य में ब्रह्मांड के मौलिक बलों की ताल बजती है, उनकी हर छोटी हरकत पदार्थ की संरचना तय करती है

प्रकृति के महानादः चार महाबलों का रहस्योद्घाटन

सूक्ष्म कणों का नृत्य हमें आकर्षित करता है, लेकिन इस ब्रह्मांडीय महानाद को गूंजित करने वाले असली कलाकार, बल हैं. ये अदृश्य सूत्रधार परमाणुओं और कणों के बीच रस्साकशी करते हैं, उनकी गति तय करते हैं, और उनके व्यवहार को संचालित करते हैं. इस अध्याय में, हम प्रकृति के चार मौलिक बलों की शक्ति और रहस्य का पता लगाएंगे: प्रबल नाभिकीय बल, दुर्बल नाभिकीय बल, विद्युतचुंबकीय बल और गुरुत्वाकर्षण.

ब्रह्मांड का महाबली: प्रबल नाभिकीय बल

परमाणु के नाभिक के अंदर एक महान युद्ध हो रहा है. प्रोटॉन, धनावेशित योद्धा एक-दूसरे को धकेलना चाहते हैं, लेकिन कोई अदृश्य शक्ति उन्हें बांधे रखती है. वो शक्ति है प्रबल नाभिकीय बल, इस सूक्ष्म जगत का सबसे शक्तिशाली कलाकार. प्रबल बल इतना प्रचंड है कि क्वार्क, जिनसे प्रोटॉन और न्यूट्रॉन बने हैं, अलग होना असंभव है. वो नाभिक को एक अजेय किले की तरह मजबूत बनाता है, ब्रह्मांड में तत्वों की विविधता का आधार तय करता है, और न्यूक्लियर फ्यूजन की शक्ति प्रदान करता है - वो प्रक्रिया जिससे तारे अपनी चमक बिखेरते हैं.

अदृश्य सूत्रधार: दुर्बल नाभिकीय बल

लेकिन नाभिक का नाटक सिर्फ युद्ध और विरोध तक सीमित नहीं है. वहां एक और बल, दुर्बल नाभिकीय बल, शांति से परदे के पीछे अपना काम करता है. ये बल प्रोटॉन और न्यूट्रॉन जैसे भारी कणों के क्षय का कारण बनता है, उन्हें रेडियोधर्मी कणों में परिवर्तित करता है. दुर्बल बल न्यूट्रिनो नामक रहस्यमय कणों को भी उत्सर्जित करता है, जो ब्रह्मांड के सबसे तेज यात्रियों में से एक हैं और सूर्य से पृथ्वी तक बिना रुके यात्रा कर सकते हैं. अदृश्य होने के बावजूद, दुर्बल बल ब्रह्मांड में तत्वों के वितरण को

प्रभावित करता है, सुपरनोवा विस्फोटों को ट्रिगर करता है, और न्यूक्लियर रिएक्टरों में ऊर्जा उत्पादन का आधार है.

बिजली का जादू: विद्युतचुंबकीय बल

सूक्ष्म जगत के भीतर एक चमकदार नक्काशीकार भी मौजूद है, जिसे विद्युतचुंबकीय बल कहते हैं. यह बल इलेक्ट्रॉनों को परमाणु के नाभिक के चारों ओर कक्षाओं में रखता है, रासायनिक बंध निर्माण का मार्गदर्शन करता है, और विद्युत और चुंबकत्व की अद्भुत घटनाओं को संचालित करता है. विद्युतचुंबकीय बल ही हमें कंप्यूटर स्क्रीन को चमकता हुआ, पक्षियों को हवा में उड़ते हुए और हवाई जहाजों को आकाश में विचरते हुए देखने का आनंद देता है. यह बल इतना व्यापक है कि यह सौर मंडल की संरचना से लेकर ब्रह्मांड में तारों और आकाशगंगाओं के वितरण तक सब कुछ प्रभावित करता है.

ब्रह्मांड का महानायक: गुरुत्वाकर्षण

लेकिन प्रकृति के नाटक में सबसे बड़ा किरदार, सबसे धीमा और शांत, लेकिन फिर भी सबसे सर्वव्यापी है - गुरुत्वाकर्षण. यह बल ग्रहों को सूर्य के इर्द-गिर्द चक्कर लगाता है, तारों को समूहों में बांधता है

Chapter 2: Unveiling the Quantum World

- Quantum revolution: Breaking free from classical physics, Planck's constant, and wave-particle duality.

- Uncertainty waltz: Heisenberg's uncertainty principle and the limits of knowledge.

- Quantum leaps: Schrödinger's equation, wave functions, and quantized energy levels.

Chapter 2: Unveiling the Quantum World
अध्याय 2: क्वांटम जगत का अनावरण

सूक्ष्म जगत का महाविप्लवः शास्त्रीय भौतिकी से मुक्ति, प्लांक स्थिरांक और तरंग-कण द्वैतता

न्यूटन के गुरुत्वाकर्षण सेब से लेकर आइंस्टीन के सापेक्षता के सिद्धांत तक, शास्त्रीय भौतिकी ने हमें वस्तुओं के व्यवहार को समझने का शानदार ढांचा दिया. लेकिन, जैसे ही हमने सूक्ष्म कणों की दुनिया की तरफ कदम बढ़ाया, शास्त्रीय नियम अटकने लगे. यहीं से क्वांटम क्रांति का महाविप्लव शुरू हुआ - एक ऐसी वैज्ञानिक क्रांति जिसने हमारे ब्रह्मांड के बारे में सोचने का ही तरीका बदल दिया.

इस अध्याय में, हम इस क्रांति की जड़ों में जाएंगे, जहां हम मक्स प्लांक नामक वैज्ञानिक से मिलेंगे, जिन्होंने सूक्ष्म जगत के रहस्यों को उजागर करने की कुंजी पाई. उन्होंने बताया कि ऊर्जा असतत पैकेटों में आती है, जिन्हें क्वांटा कहते हैं, और प्रकाश तरंगों के साथ ही कणों की तरह भी व्यवहार करता है. प्लांक ने एक ऐसी स्थिरांक की खोज की, जो क्वांटम दुनिया के व्यवहार को निर्धारित करती है - प्रसिद्ध प्लांक स्थिरांक. यही वो छोटी सी संख्या, जहाँ भौतिकी का परिचित परिदृश्य अजीबोगरीब हो जाता है.

लेकिन, कहानी यहीं खत्म नहीं होती. लुई डी ब्रोगली ने आगे बताया कि केवल प्रकाश ही नहीं, सभी कण तरंगों का व्यवहार दिखा सकते हैं. यह अविश्वसनीय लगता है, पर कण और तरंग एक ही वस्तु के दो अलग-अलग पहलू हो सकते हैं! इस धारणा को तरंग-कण द्वैतता कहा जाता है और यह क्वांटम दुनिया की एक मूलभूत अवधारणा है.

क्वांटम क्रांति ने केवल हमारे कणों को देखने के नज़रिए को ही नहीं बदला, बल्कि शास्त्रीय भौतिकी की नींव भी हिला दी. अचानक, निश्चितता अनिश्चितता में बदल गई, कारण और प्रभाव का सिलसिला धुंधला गया, और दूरी के बिना दूर तक संवाद संभव हो गया. क्वांटम भौतिकी ने अनिश्चितता सिद्धांत और सुपरपोजिशन जैसी विचित्र अवधारणाएँ पेश कीं, जो बताती हैं कि कण एक ही समय में कई संभावित अवस्थाओं में मौजूद हो सकते हैं, और हम यह तभी जान सकते हैं कि उनमें से कौन सी अवस्था वास्तविक है, जब हम उनका मापन करते हैं.

यह सब सुनने में भले ही विज्ञान-कथा जैसा लगे, लेकिन क्वांटम सिद्धांत वास्तविकता से मेल खाता है, अविश्वसनीय सटीकता के साथ कणों के व्यवहार की भविष्यवाणी करता है, और हमारे आधुनिक तकनीक का आधार है. लेजर तकनीक, सेमीकंडक्टर और ट्रांजिस्टर, यहां तक कि जीपीएस भी क्वांटम सिद्धांतों पर आधारित हैं. भविष्य में, क्वांटम कंप्यूटर, टेलीपोर्टेशन और सुपरपावर सामग्री जैसी संभावनाएं भी क्वांटम क्रांति से ही जन्म ले सकती हैं.

तो, इस अध्याय में हमने सूक्ष्म जगत के एक ऐसे नए पक्ष को देखा है, जहां नियम अलग हैं और वास्तविकता अजीबोगरीब है. यही क्वांटम क्रांति का सार है - ब्रह्मांड को समझने का एक बिल्कुल नया तरीका, जो हमें इसकी गहराइयों तक पहुँचने का मौका देता है और भविष्य की तकनीक का रास्ता दिखाता है.

क्वांटम छलांगः श्रोडिंगर का समीकरण, तरंग फलन और परिमाणित ऊर्जा स्तर

सूक्ष्म कणों की दुनिया किसी सपने की तरह लगती है, जहां तर्क अक्सर खो जाता है और वास्तविकता अजीब तरीकों से प्रकट होती है. पिछले अध्याय में हमने अनिश्चितता के नृत्य को देखा, अब एक और अद्भुत अवधारणा के साथ जुड़ने का समय है - क्वांटम छलांग, जहां कण अपने ऊर्जा स्तरों के बीच रहस्यमय तरीके से उछल-कूद करते हैं.

इस नृत्य के मास्टरमाइंड हैं महान भौतिक विज्ञानी एर्स्टन श्रोडिंगर. उन्होंने एक खास गणितीय समीकरण - श्रोडिंगर समीकरण - बनाया, जो किसी भी समय एक कण की संभावित अवस्थाओं को निर्धारित करता है. यह समीकरण किसी संगीत निर्देशक की तरह काम करता है, यह बताता है कि कण की तरंग फलन - उसकी संभावित अस्तित्व के क्षेत्र - कैसे समय के साथ विकसित होते हैं.

तरंग फलन, क्वांटम दुनिया की एक और मनमोहक अवधारणा है. यह बताता है कि एक कण किसी विशेष स्थान पर पाए जाने की संभावना कैसे बदलती है. कल्पना कीजिए कि आप एक झील पर लहर के शिखर का अनुसरण कर रहे हैं - उसी तरह, जहाँ तरंग फलन का शिखर अधिक होता है, वहाँ कण पाए जाने की संभावना अधिक होती है.

लेकिन क्वांटम छलांग में सबसे आश्चर्यजनक क्या है? ये कण ऊर्जा के सीढ़ी-जैसे स्तरों के बीच ही कूद सकते हैं, किसी सीढ़ी को लंघन करना असंभव है. इन्हें परिमाणित ऊर्जा स्तर कहते हैं, जैसे किसी सीढ़ी की ऊंचाई तय होती है, वैसे ही इन स्तरों के बीच अंतर तय होता है.

सोचिए कि एक अणु परमाणुओं को जोड़ने वाले धागे की तरह है. यह अणु अपने कंपन की गति के आधार पर अलग-अलग ऊर्जा स्तरों में घूम सकता है. जैसे कोई हवाई जहाज अलग-अलग ऊंचाइयों पर उड़ सकता

है. जब अणु ऊर्जा प्राप्त करता है - उदाहरण के लिए, प्रकाश को अवशोषित करके - यह एक उच्च ऊर्जा स्तर पर कूद सकता है. इसी तरह, जब ऊर्जा खो देता है - उदाहरण के लिए, प्रकाश उत्सर्जित करके - यह एक निचले स्तर पर जा सकता है. यह क्वांटम छलांग है, और यह अणुओं के व्यवहार को समझने का आधार है.

क्वांटम छलांग के निहितार्थ दूरगामी हैं. यह लेजरों के संचालन को समझाता है, जो सुसंगत प्रकाश उत्पन्न करते हैं, यह रासायनिक प्रतिक्रियाओं की गतिविधि को निर्धारित करता है, और यह फोटोग्राफी और सौर पैनलों जैसे तकनीकों का आधार है. भविष्य में, क्वांटम छलांग का उपयोग क्वांटम कंप्यूटरों में जानकारी को संसाधित करने और सुपर-कुशल सौर सेल बनाने के लिए भी किया जा सकता है.

लेकिन क्वांटम छलांग का सबसे बड़ा आकर्षण शायद इसकी रहस्यमय प्रकृति है. इस प्रक्रिया में कोई मध्यवर्ती अवस्था नहीं होती है, कण बस एक ऊर्जा स्तर से दूसरे में गायब होकर प्रकट हो जाता है. यह भौतिकी की दुनिया में एक जादुई नृत्य है, जो हमें ब्रह्मांड के सबसे छोटे कणों के अविश्वसनीय व्यवहार पर आश्चर्य करने के लिए प्रेरित करता है.

तो, इस अध्याय में हमने क्वांटम छलांग की अद्भुत दुनिया की झलक पाई है, जहां ऊर्जा को छोटे-छोटे पैकेटों में ले जाया जाता है और कण चकित करने वाले तरीकों से उछल-कूद करते हैं.

क्वांटम छलांग: श्रोडिंगर का समीकरण, तरंग फलन और परिमाणित ऊर्जा स्तर

सूक्ष्म कणों की दुनिया किसी सपने की तरह लगती है, जहां तर्क अक्सर खो जाता है और वास्तविकता अजीब तरीकों से प्रकट होती है. पिछले अध्याय में हमने अनिश्चितता के नृत्य को देखा, अब एक और अद्भुत अवधारणा के साथ जुड़ने का समय है - क्वांटम छलांग, जहां कण अपने ऊर्जा स्तरों के बीच रहस्यमय तरीके से उछल-कूद करते हैं.

इस नृत्य के मास्टरमाइंड हैं महान भौतिक विज्ञानी एर्स्टन श्रोडिंगर. उन्होंने एक खास गणितीय समीकरण - श्रोडिंगर समीकरण - बनाया, जो किसी भी समय एक कण की संभावित अवस्थाओं को निर्धारित करता है. यह समीकरण किसी संगीत निर्देशक की तरह काम करता है, यह बताता है कि कण की तरंग फलन - उसकी संभावित अस्तित्व के क्षेत्र - कैसे समय के साथ विकसित होते हैं.

तरंग फलन, क्वांटम दुनिया की एक और मनमोहक अवधारणा है. यह बताता है कि एक कण किसी विशेष स्थान पर पाए जाने की संभावना कैसे बदलती है. कल्पना कीजिए कि आप एक झील पर लहर के शिखर का अनुसरण कर रहे हैं - उसी तरह, जहाँ तरंग फलन का शिखर अधिक होता है, वहाँ कण पाए जाने की संभावना अधिक होती है.

लेकिन क्वांटम छलांग में सबसे आश्चर्यजनक क्या है? ये कण ऊर्जा के सीढ़ी-जैसे स्तरों के बीच ही कूद सकते हैं, किसी सीढ़ी को लंघन करना असंभव है. इन्हें परिमाणित ऊर्जा स्तर कहते हैं, जैसे किसी सीढ़ी की ऊंचाई तय होती है, वैसे ही इन स्तरों के बीच अंतर तय होता है.

सोचिए कि एक अणु परमाणुओं को जोड़ने वाले धागे की तरह है. यह अणु अपने कंपन की गति के आधार पर अलग-अलग ऊर्जा स्तरों में घूम सकता है. जैसे कोई हवाई जहाज अलग-अलग ऊंचाइयों पर उड़ सकता

है. जब अणु ऊर्जा प्राप्त करता है - उदाहरण के लिए, प्रकाश को अवशोषित करके - यह एक उच्च ऊर्जा स्तर पर कूद सकता है. इसी तरह, जब ऊर्जा खो देता है - उदाहरण के लिए, प्रकाश उत्सर्जित करके - यह एक निचले स्तर पर जा सकता है. यह क्वांटम छलांग है, और यह अणुओं के व्यवहार को समझने का आधार है.

क्वांटम छलांग के निहितार्थ दूरगामी हैं. यह लेजरों के संचालन को समझाता है, जो सुसंगत प्रकाश उत्पन्न करते हैं, यह रासायनिक प्रतिक्रियाओं की गतिविधि को निर्धारित करता है, और यह फोटोग्राफी और सौर पैनलों जैसे तकनीकों का आधार है. भविष्य में, क्वांटम छलांग का उपयोग क्वांटम कंप्यूटरों में जानकारी को संसाधित करने और सुपर-कुशल सौर सेल बनाने के लिए भी किया जा सकता है.

लेकिन क्वांटम छलांग का सबसे बड़ा आकर्षण शायद इसकी रहस्यमय प्रकृति है. इस प्रक्रिया में कोई मध्यवर्ती अवस्था नहीं होती है, कण बस एक ऊर्जा स्तर से दूसरे में गायब होकर प्रकट हो जाता है. यह भौतिकी की दुनिया में एक जादुई नृत्य है, जो हमें ब्रह्मांड के सबसे छोटे कणों के अविश्वसनीय व्यवहार पर आश्चर्य करने के लिए प्रेरित करता है.

तो, इस अध्याय में हमने क्वांटम छलांग की अद्भुत दुनिया की झलक पाई है, जहां ऊर्जा को छोटे-छोटे पैकेटों में ले जाया जाता है और कण चकित करने वाले तरीकों से उछल-कूद करते हैं. यह क्वांटम भौतिकी के खूबसूरत पहेलियों में से एक है

Chapter 3: Probing the Atom

- Bohr model: Understanding atomic structure with electrons in orbitals.

- Beyond Bohr: Atomic orbitals, quantum numbers, and electron configurations.

- Spectroscopy: Unveiling the secrets of atoms by analyzing their light.

Chapter 3: Probing the Atom

अध्याय 3: परमाणु का अन्वेषण

परमाणु की पहेली: ऑर्बिटल में नाचते इलेक्ट्रॉन

सूक्ष्म कणों की दुनिया आश्चर्यों से भरी है, और परमाणु, जिसका नाम ही उसकी छोटी सी मर्यादा का संकेत करता है, इन विचित्रताओं का केंद्र है. आज हम इसी परमाणु की संरचना की पहेली को सुलझाने की कोशिश करेंगे, और उसके सबसे छोटे निवासी - इलेक्ट्रॉन - के नृत्य को समझेंगे.

पहले की धारणा यह थी कि परमाणु एक ठोस, छोटी गेंद है जिसके चारों ओर इलेक्ट्रॉन ग्रहों की तरह घूमते हैं. लेकिन 1913 में, नील्स बोहर नामक भौतिकविज्ञानी ने एक क्रांतिकारी मॉडल प्रस्तुत किया, जिसने पूरी तरह से बदल दिया कि हम परमाणु को कैसे देखते हैं.

बोहर मॉडल में, नाभिक, जिसमें प्रोटॉन और न्यूट्रॉन रहते हैं, परमाणु का केंद्र बनता है. इलेक्ट्रॉन, जिन्हें नाभिक से आकर्षित किया जाता है, नाभिक के चारों ओर विशिष्ट कक्षाओं में घूमते हैं, जिन्हें ऑर्बिटल कहते हैं. ये ऑर्बिटल, ग्रहों की कक्षाओं की तरह नहीं, निश्चित दूरी और ऊर्जा स्तरों तक सीमित हैं. इलेक्ट्रॉन एक ऑर्बिटल से दूसरे में उछल नहीं सकते, उन्हें सीढ़ी के पायदानों की तरह ही चढ़ना और उतरना होता है.

इस मॉडल को समझने के लिए, कल्पना कीजिए कि आप एक स्टेडियम में हैं और परमाणु को केंद्र में उजागर मंच के रूप में देखते हैं. ऑर्बिटल अलग-अलग सीटों की पंक्तियाँ हैं, और इलेक्ट्रॉन ये सीटों पर बैठे दर्शक हैं. प्रत्येक सीट, या ऑर्बिटल, एक निश्चित दूरी पर मंच से है, और उस निश्चित ऊर्जा स्तर का प्रतिनिधित्व करती है. इलेक्ट्रॉन एक सीट से दूसरी सीट पर नहीं कूद सकते, उन्हें सीढ़ियों का उपयोग करना होता है - यानी

प्रकाश को अवशोषित करके उच्च ऊर्जा स्तर पर जाने के लिए सीढ़ी चढ़नी पड़ती है, और इसे उत्सर्जित करके निचले स्तर पर जाने के लिए उतरना होता है.

बोहर मॉडल ने हीलियम, हाइड्रोजन जैसे सरल परमाणुओं की संरचना की व्याख्या करने में असाधारण रूप से सफलता हासिल की. इसने दिखाया कि विभिन्न तत्वों की विभिन्न रासायनिक विशेषताएं उनके इलेक्ट्रॉनों के ऑर्बिटल विन्यास पर निर्भर करती हैं. कम इलेक्ट्रॉन वाले तत्व, जिनके इलेक्ट्रॉन कुछ ही ऑर्बिटल में हैं, रासायनिक रूप से कम प्रतिक्रियाशील होते हैं, जबकि अधिक इलेक्ट्रॉन वाले तत्व, जिनके इलेक्ट्रॉन बाहरी ऑर्बिटल में बिखरे होते हैं, रासायनिक प्रतिक्रियाओं में अत्यधिक सक्रिय होते हैं.

हालांकि बाद में क्वांटम मैकेनिक्स के विकास के साथ बोहर मॉडल को और अधिक परिष्कृत मॉडलों से बदल दिया गया, लेकिन इसकी ऐतिहासिक महत्ता निर्विवाद है. इसने परमाणु संरचना की हमारी समझ का मार्ग प्रशस्त किया, रसायन विज्ञान के विकास में महत्वपूर्ण भूमिका निभाई, और हमें यह दिखाया कि सूक्ष्म जगत के नियम शास्त्रीय भौतिकी के नियमों से बिल्कुल अलग हैं.

बोहर मॉडल हमें यह भी याद दिलाता है कि विज्ञान एक निरंतर विकसित होता हुआ क्षेत्र है. हमारे ज्ञान की सीमाएं लगातार बदल रही हैं, और आज जो सच प्रतीत होता है, वह कल पुराना हो सकता है. लेकिन खोज की उत्सुकता और नए ज्ञान की तलाश ही वास्तविक खोज है, और बोहर मॉडल, भले ही अब पूर्ण नहीं है, इस खोज के महान उदाहरणों में से एक है.

बोहर से परे: परमाणु ऑर्बिटल, क्वांटम संख्याएं और इलेक्ट्रॉन विन्यास

बोहर मॉडल ने हमें परमाणु के अंदरूनी भाग में झांकने का पहला मौका दिया, लेकिन सूक्ष्म क्वांटम जगत के रहस्यों को पूरी तरह से उजागर करने के लिए हमें थोड़ा और गहराई तक जाना होगा. इस अध्याय में, हम बोहर मॉडल की नींव पर निर्माण करेंगे और परमाणु ऑर्बिटल, क्वांटम संख्याओं और इलेक्ट्रॉन विन्यास की पेचीदा दुनिया में प्रवेश करेंगे.

बोहर का मॉडल ऑर्बिटल की अवधारणा पेश करता है, लेकिन उनका स्वरूप कुछ धुंधला था. अब, क्वांटम मैकेनिक्स के प्रकाश में, हम देखते हैं कि ऑर्बिटल इलेक्ट्रॉन के संभावित अस्तित्व के क्षेत्र हैं, न कि उनके निश्चित रास्ते. इन्हें तरंग फलन द्वारा दर्शाया जाता है, जो हमें बताता है कि किसी क्षेत्र में इलेक्ट्रॉन को खोजने की संभावना कितनी है. यह एक तरंग के आकार जैसा होता है, जो नाभिक के चारों ओर फैला होता है, और विभिन्न आकृतियों और मात्राओं में आ सकता है.

लेकिन ये ऑर्बिटल एक-आकार-फिट-सब नहीं हैं. प्रत्येक ऑर्बिटल को तीन क्वांटम संख्याओं द्वारा परिभाषित किया जाता है: मुख्य क्वांटम संख्या (n), जो ऊर्जा स्तर निर्धारित करती है, एज़िमुथल क्वांटम संख्या (l), जो ऑर्बिटल के आकार को निर्धारित करती है, और चुंबकीय क्वांटम संख्या (m_l), जो अंतरिक्ष में ऑर्बिटल के अभिविन्यास को निर्धारित करती है. ये संख्याएं इलेक्ट्रॉन के संभावित अवस्थाओं को सीमित करती हैं, जिससे परमाणु की स्थिरता बनी रहती है.

अब, आइए देखें कि ये संख्याएं एक वास्तविक परमाणु में कैसे काम करती हैं. उदाहरण के लिए, हाइड्रोजन परमाणु में केवल एक इलेक्ट्रॉन होता है. यह इलेक्ट्रॉन n = 1 के साथ सबसे कम ऊर्जा स्तर के ऑर्बिटल में पाया जाएगा, जिसे s ऑर्बिटल कहा जाता है. दूसरे तत्व, हीलियम में दो इलेक्ट्रॉन होते हैं. ये दोनों n = 1 स्तर के s ऑर्बिटल में फिट नहीं हो सकते,

इसलिए एक दूसरे, थोड़े अधिक ऊर्जावान n = 1 स्तर के p ऑर्बिटल में चला जाता है.

धीरे-धीरे, अधिक तत्वों में अधिक इलेक्ट्रॉन, और ऑर्बिटल भरते जाते हैं. लेकिन एक महत्वपूर्ण नियम है: इलेक्ट्रॉन ऊर्जा बचाना चाहते हैं, इसलिए वे सबसे कम ऊर्जा वाले ऑर्बिटल को भरना पसंद करते हैं. यह इलेक्ट्रॉन विन्यास कहलाता है, और यह तत्वों के रासायनिक व्यवहार को निर्धारित करने में एक महत्वपूर्ण भूमिका निभाता है.

उदाहरण के लिए, हीलियम के भरे हुए बाहरी ऑर्बिटल के कारण यह रासायनिक रूप से निष्क्रिय है. जबकि सोडियम, जिसके बाहरी ऑर्बिटल में एक अतिरिक्त इले आसानी से दान कर सकता है, रासायनिक रूप से बहुत सक्रिय है. इस तरह, इलेक्ट्रॉन विन्यास तत्वों को आवर्त सारणी में उनके स्थान पर ले जाता है और उनके गुणों को निर्धारित करता है.

यह सब जानकारी जटिल लग सकती है, लेकिन यह परमाणु संरचना को समझने का एक शक्तिशाली उपकरण है. क्वांटम संख्याओं और इलेक्ट्रॉन विन्यास के ज्ञान के साथ, हम तत्वों के व्यवहार की भविष्यवाणी कर सकते हैं, रासायनिक बंधन के रहस्यों को उजागर कर सकते हैं, और नई सामग्री और तकनीकों का विकास कर सकते हैं.

स्पेक्ट्रोस्कोपी: प्रकाश का विश्लेषण करके परमाणुओं के रहस्यों को उजागर करना

कभी सोचा है कि कैसे वैज्ञानिक तारे लाखों प्रकाश-वर्ष दूर से बने होते हैं या यह निर्धारित करते हैं कि एक चट्टान में कौन से खनिज मौजूद हैं? इसका उत्तर स्पेक्ट्रोस्कोपी में निहित है, एक जादुई तकनीक जो प्रकाश का विश्लेषण करके परमाणुओं के आंतरिक रहस्यों को उजागर करती है.

कल्पना कीजिए कि आप एक संगीत कार्यक्रम में हैं. विभिन्न वाद्ययंत्रों से बजने वाले नोटों का मिश्रण आपके कानों तक पहुँचता है. लेकिन आपके पास एक जादुई उपकरण है जो आपको न केवल समग्र ध्वनि, बल्कि प्रत्येक वाद्य यंत्र के व्यक्तिगत नोटों को अलग करने की अनुमति देता है. स्पेक्ट्रोस्कोपी प्रकाश के साथ ऐसी ही चीज करती है.

परमाणु, सूक्ष्म जगत के नन्हे नर्तक, प्रकाश को अवशोषित और उत्सर्जित करते हैं. ये प्रकाश संकेत विशिष्ट ऊर्जा पैकेटों के रूप में आते हैं, जिन्हें फोटॉन कहा जाता है. प्रत्येक तत्व और यौगिक का अपना अनूठा फिंगरप्रिंट होता है, फोटॉन की विशिष्ट ऊर्जाओं का एक समूह जो वे अवशोषित या उत्सर्जित करते हैं. स्पेक्ट्रोस्कोप यही फिंगरप्रिंट पढ़ता है.

विभिन्न प्रकार के स्पेक्ट्रोस्कोपी मौजूद हैं, लेकिन उन सभी में एक ही मूल सिद्धांत है. प्रकाश को एक प्रिज्म या ग्रेटिंग के माध्यम से पारित किया जाता है, जो विभिन्न रंगों या तरंगदैर्घ्यों में अलग हो जाता है. ये अलग-अलग रंग, परमाणुओं द्वारा अवशोषित या उत्सर्जित फोटॉन की ऊर्जा से मेल खाते हैं. स्पेक्ट्रम नामक एक ग्राफ पर इन रंगों की तीव्रता को प्लॉट किया जाता है, जो अद्वितीय फिंगरप्रिंट बनाता है.

स्पेक्ट्रोस्कोपी के अनुप्रयोग अनेक हैं:

तत्वों का विश्लेषण: खनिजों, मिट्टी, यहां तक कि ग्रहों और तारों की रासायनिक संरचना का निर्धारण करने के लिए पृथ्वी विज्ञान और खगोल विज्ञान में व्यापक रूप से उपयोग किया जाता है.

रासायनिक यौगिकों की पहचान: रासायनिक प्रतिक्रियाओं की निगरानी करने और अज्ञात पदार्थों की संरचना का निर्धारण करने के लिए रसायन विज्ञान में महत्वपूर्ण है.

चिकित्सा निदान: रक्त में विभिन्न यौगिकों की सांद्रता को मापने के लिए चिकित्सा क्षेत्र में उपयोग किया जाता है, जिससे बीमारियों का पता लगाने में मदद मिलती है.

पर्यावरण निगरानी: वायु और जल प्रदूषण के स्तर को मापने के लिए पर्यावरण विज्ञान में महत्वपूर्ण है.

स्पेक्ट्रोस्कोपी ने हमारे ब्रह्मांड को समझने में क्रांतिकारी बदलाव लाए हैं. इसने हमें तारों की रासायनिक संरचना का अध्ययन करने की अनुमति दी है, नए ग्रहों की खोज में मदद की है, और यहां तक कि पृथ्वी के वायुमंडल में ओजोन छिद्र की पहचान करने में भी योगदान दिया है.

भविष्य में, स्पेक्ट्रोस्कोपी के और भी आश्चर्यजनक अनुप्रयोगों की उम्मीद है. उदाहरण के लिए, यह क्वांटम कंप्यूटर के विकास में महत्वपूर्ण भूमिका निभा सकता है, जो पारंपरिक कंप्यूटर की क्षमताओं से कहीं अधिक शक्तिशाली होने का वादा करते हैं.

Chapter 4: Forces in Action

- Electromagnetic force: The glue that binds atoms and fuels light.

- Strong nuclear force: Holding protons and neutrons together within the nucleus.

- Weak nuclear force: Responsible for radioactive decay and neutrino emission.

- Gravity: The enigmatic force, its relationship to quantum theory, and ongoing research.

Chapter 4: Forces in Action
अध्याय 4: प्रलयकारी खेल

विद्युतचुंबकीय बल: परमाणुओं को जोड़ने वाला गोंद और प्रकाश का ईंधन

ब्रह्मांड के बड़े नाटक में कई पात्र हैं, लेकिन कुछ सूक्ष्म बल इतने शक्तिशाली और सर्वव्यापी हैं कि उनका प्रभाव हर जगह दिखाई देता है. उनमें से एक है विद्युतचुंबकीय बल, एक अदृश्य शक्ति जो परमाणुओं को एक साथ बांधती है, बिजली और चुंबकत्व को जन्म देती है, और सूर्य से हमें गर्म करती हुई जीवनदायी रोशनी को धकेलती है.

कल्पना कीजिए कि आप दो छोटे चुंबक के साथ खेल रहे हैं. ध्रुवों का आकर्षण और प्रतिकर्षण, यह विद्युतचुंबकीय बल का ही एक छोटा सा नमूना है. यह बल आवेशित कणों के बीच कार्य करता है. धनात्मक और ऋणात्मक आवेश एक-दूसरे को आकर्षित करते हैं, जैसे विपरीत ध्रुव वाले चुंबक, जबकि समान आवेश विकर्षित करते हैं. यही वह बल है जो परमाणुओं के केंद्र में प्रोटॉन और न्यूट्रॉन को एक साथ बांधता है, इलेक्ट्रॉन को नाभिक के चारों ओर घूमने के लिए बाध्य करता है, और अणुओं को बनाता है, जो सभी भौतिक पदार्थों का निर्माण खंड हैं.

लेकिन विद्युतचुंबकीय बल सिर्फ बंधन नहीं करता, यह आंदोलन भी लाता है. आवेशित कण जब गति करते हैं, तो वे विद्युत और चुंबकीय क्षेत्रों को उत्पन्न करते हैं. बिजली का कड़कना, बिजली के उपकरणों का रोशन होना, और यहां तक कि आपके कंप्यूटर का काम करना - ये सभी इस गतिशील बल के परिणाम हैं.

और फिर प्रकाश है, ब्रह्मांड का आश्चर्यजनक उपहार. विद्युतचुंबकीय बल ही इस चमकदार नृत्य का ईंधन है. जब आवेशित कण अपने ऊर्जा

स्तरों के बीच उछल-कूद करते हैं, तो वे प्रकाश के रूप में ऊर्जा छोड़ते हैं. सूर्य में होने वाले फ्यूजन प्रतिक्रियाओं से निकलने वाली गर्मी और रोशनी का स्रोत यही बल है. यह वह बल है जो फूलों को रंग देता है, इंद्रधनुष को चित्रित करता है, और हमें दुनिया को देखने की अनुमति देता है.

विद्युतचुंबकीय बल का प्रभाव सूक्ष्म दुनिया से विशाल ब्रह्मांड तक फैला हुआ है. यह परमाणुओं को फ्यूज करता है, तारों को चमकाता है, और ब्रह्मांड की संरचना को बनाए रखता है. यह बल इतना मजबूत है कि यह सूर्य से आने वाले प्रकाश को पृथ्वी की सतह तक पहुंचा सकता है, लेकिन इतना कमजोर है कि आपके हाथ में हवा के अणुओं को एक साथ रखता है.

विद्युतचुंबकीय बल के अध्ययन ने तकनीक में क्रांति ला दी है. बिजली का उत्पादन और पारेषण, रेडियो और टेलीविजन संचार, लेजर तकनीक, और यहां तक कि वायरलेस चार्जिंग सभी इस बल के सिद्धांतों पर आधारित हैं. भविष्य में, विद्युतचुंबकीय बल का और भी गहराई से अध्ययन करके हम नई उर्जा स्रोत विकसित कर सकते हैं, क्वांटम कंप्यूटर बना सकते हैं, और यहां तक कि अंतरिक्ष यात्रा के नए तरीके भी खोज सकते हैं.

तो, अगली बार जब आप बिजली का जला हुआ बल्ब देखें, इंद्रधनुष के रंगों में आश्चर्यचकित हों, या बस अपने फोन की स्क्रीन की चमक का आनंद लें, तो विद्युतचुंबकीय बल की अदृश्य शक्ति को याद रखें. यह ब्रह्मांड की महान बुनाई में एक सूक्ष्म धागा है, जो चीजों को एक साथ रखता है, प्रकाश को बिखेरता है, और जीवन को संभव बनाता है.

परमाणु का महानायक: प्रोटॉनों और न्यूट्रॉनों को जोड़ने वाला प्रबल नाभिकीय बल

परमाणु की दुनिया एक नाटक का मंच है, जहां कण नायकों और खलनायकों की भूमिका निभाते हैं. प्रोटॉन और न्यूट्रॉन इस मंच के केंद्र में खड़े हैं, लेकिन उन्हें साथ रखने वाला कोई साधारण सहायक कलाकार नहीं है. उनकी अविश्वसनीय साझेदारी का श्रेय जाता है एक अदृश्य महानायक को - प्रबल नाभिकीय बल (Strong Nuclear Force)।

कल्पना कीजिए कि आप सूर्य के सामने खड़े हैं, उसके गुरुत्वाकर्षण बल द्वारा पृथ्वी की तरह अपने स्थान पर टिके हुए. प्रबल नाभिकीय बल भी उतना ही शक्तिशाली है, लेकिन परमाणु के दिल में घटित होता है. यह विचित्र बल प्रोटॉन और न्यूट्रॉन, दोनों सकारात्मक आवेश वाले कणों, को एक-दूसरे को धक्का देने के बजाय आपस में जकड़े रखता है. उनकी शत्रुता को मित्रता में बदलने का यही बल जादूगर है।

लेकिन यह जादू कैसा है? प्रबल नाभिकीय बल एक आकर्षण बल नहीं है, बल्कि एक बल का आदान-प्रदान है. प्रोटॉन और न्यूट्रॉन ग्लून्स नामक अल्पायु कणों का आदान-प्रदान करते हैं, जो नाभिकीय बल का वाहक हैं. ये ग्लून्स प्रोटॉन और न्यूट्रॉन के बीच एक मजबूत बंधन बनाते हैं, उन्हें एक इकाई के रूप में कार्य करने के लिए बाध्य करते हैं.

प्रबल नाभिकीय बल की शक्ति अविश्वसनीय है. यह गुरुत्वाकर्षण बल से लगभग 100 गुना और विद्युतचुंबकीय बल से करोड़ों गुना अधिक शक्तिशाली है. इसकी तुलना पृथ्वी के गुरुत्वाकर्षण से करें, जो एक सेब को जमीन पर रखता है, परमाणु के अंदर प्रबल नाभिकीय बल एक जेट विमान को आकाश में टिकाए रखने से भी हजारों गुना अधिक मजबूत है.

यह अविश्वसनीय बल परमाणु की स्थिरता का आधार है. यदि यह बल थोड़ा कमजोर होता, तो प्रोटॉन और न्यूट्रॉन अलग हो जाते, नाभिक टूट

जाते, और सभी भौतिक पदार्थ अस्तित्व में नहीं आते. परमाणु ऊर्जा, जो बिजली उत्पादन से लेकर चिकित्सा निदान तक कई क्षेत्रों में क्रांति ला रही है, प्रबल नाभिकीय बल की शक्ति का प्रत्यक्ष परिणाम है.

हालांकि प्रबल नाभिकीय बल अविश्वसनीय रूप से शक्तिशाली है, लेकिन इसकी सीमाएं भी हैं. नाभिक के आकार के बढ़ने के साथ, बल की पकड़ कमजोर होती है. यही कारण है कि भारी तत्व, कुछ अपवादों के साथ, अस्थिर होते हैं और रेडियोधर्मी क्षय से गुजरते हैं.

प्रबल नाभिकीय बल के अध्ययन ने वैज्ञानिकों को न केवल परमाणु की संरचना को समझने में, बल्कि ब्रह्मांड के शुरुआती गठन के बारे में भी जानकारी दी है. यह बल न्यूट्रॉन तारों, जो ब्रह्मांड के सबसे घने पिंडों में से एक हैं, के अस्तित्व का आधार है. इसके अतिरिक्त, भविष्य में प्रबल नाभिकीय बल को नियंत्रित करना नाभिकीय फ्यूजन से शुद्ध और शक्तिशाली ऊर्जा स्रोत विकसित करने का मार्ग प्रशस्त कर सकता है.

तो, अगली बार जब आप किसी परमाणु को देखें, याद रखें कि उसके केंद्र में एक अदृश्य महानायक काम कर रहा है - प्रबल नाभिकीय बल. यह बल न केवल परमाणुओं को स्थिर रखता है, बल्कि जीवन, प्रकाश और ब्रह्मांड के अस्तित्व का भी आधार है. यह एक बल है जो हमारे चारों ओर है, भले ही हम इसे नहीं देख सकते, हर परमाणु के दिल में उसकी महानायक भूमिका निभा रहा है।

परमाणु का धीमा नृत्य: कमजोर नाभिकीय बल, रेडियोधर्मी क्षय और न्यूट्रिनो का उत्सर्जन

परमाणु के नाटक में, जहाँ प्रबल नाभिकीय बल महानायक की भूमिका निभाता है, वहीं कुछ अन्य पात्र भी मंच पर मौजूद हैं, जो अदृश्य शक्तियों का संचालन करते हैं. उनमें से एक है कमजोर नाभिकीय बल, एक नाजुक और धीमा नृत्य जिसका परमाणु क्षय और न्यूट्रिनो के उत्सर्जन में निर्णायक भूमिका है.

विद्युतचुंबकीय बल जितना चमकदार या प्रबल नाभिकीय बल जितना शक्तिशाली नहीं, कमजोर नाभिकीय बल एक गुप्त प्रभाव से कार्य करता है. यह बल प्रोटॉन और न्यूट्रॉन के बीच कार्य करता है, लेकिन एक अलग तरह से. जहां प्रबल बल आकर्षित करता है, वहीं कमजोर बल क्षय का कारण बनता है. यह नाभिक के भीतर एक प्रकार का टू-स्टेप नृत्य करता है, जिससे कण अपनी पहचान बदलते हैं और ऊर्जा का उत्सर्जन करते हैं.

कल्पना कीजिए कि नाभिक के अंदर एक न्यूट्रॉन एक पार्टी कर रहा है. कमजोर बल का w बोसोन नामक एक संदेशवाहक कण आता है और न्यूट्रॉन को संक्रमित करता है. यह एक प्रोटॉन में बदल जाता है, इलेक्ट्रॉन और एंटीन्यूट्रिनो नामक एक विदेशी कण को बाहर निकालता है. आश्चर्य! यह कमजोर बल का जादू है, नाभिक के भीतर होने वाला यह सूक्ष्म परिवर्तन रेडियोधर्मी क्षय कहलाता है.

यह रेडियोधर्मी क्षय ही हमारे ब्रह्मांड की कई कहानियों का स्रोत है. पृथ्वी की गर्मी का एक बड़ा हिस्सा अंदर गहरे दबी चट्टानों में होने वाले रेडियोधर्मी क्षय से आता है. रेडियोधर्मी समस्थानिकों का उपयोग चिकित्सा क्षेत्र में कैंसर का पता लगाने और उपचार करने के लिए किया जाता है. यहां तक कि सूर्य की चमक, कुछ हद तक, नाभिक में होने वाले विलक्षण कमजोर बल परिवर्तनों का परिणाम है.

लेकिन कमजोर बल सिर्फ नाभिकीय क्षय नहीं करता, यह अदृश्य कणों का भी सृजन करता है. हां, न्यूट्रिनो! ये रहस्यमय कण, जिनके द्रव्यमान लगभग शून्य के बराबर होता है और जो बिजली और चुंबकत्व पर प्रतिक्रिया नहीं करते, कमजोर बल के नैपकिन से बाहर खींचे जाते हैं. वे नाभिक से प्रकाश की गति से भी तेज दौड़ते हैं, हमारे ब्रह्मांड को भेदते हुए, सूर्य से हमें गर्म करते हुए और हमें ब्रह्मांड के सबसे दूर के कोनों की जानकारी देते हुए गुजरते हैं.

कमजोर नाभिकीय बल को समझना इतना आसान नहीं है. यह विचित्र बल विद्युतचुंबकीय बल से लगभग 10 लाख गुना कमजोर है और प्रबल नाभिकीय बल से अरबों गुना कमजोर है. लेकिन इसकी कमजोरी भी इसकी सुंदरता का हिस्सा है. यह एक धीमा नृत्य है, सूक्ष्म परिवर्तनों और अदृश्य कणों की एक कहानी.

भविष्य में, कमजोर बल के अध्ययन हमें नाभिकीय संलयन को नियंत्रित करने और नई पीढ़ी के स्वच्छ ऊर्जा स्रोत विकसित करने में मदद कर सकता है. न्यूट्रिनो का पता लगाने के लिए बेहतर तकनीकें विकसित करने से ब्रह्मांड के शुरुआती क्षणों के बारे में हमें और अधिक जानकारी मिल सकती है. कमजोर बल, भले ही गुप्त हो, ब्रह्मांड के सबसे गहरे रहस्यों को उजागर करने की क्षमता रखता है.

गुरुत्वाकर्षणः अनंत का नृत्य, क्वांटम सिद्धांत से रिश्ता और अनंत की खोज

ब्रह्मांड के मंच पर, द्रव्यमान के नर्तक एक अदृश्य निर्देशक, गुरुत्वाकर्षण के बल से मंत्रमुग्ध होकर घूमते हैं. सूर्यों का चक्कर, ग्रहों की परिक्रमा, आकाशगंगाओं का आलिंगन - सब कुछ इस जादुई धागे से जुड़ा हुआ है, जो समय और स्थान को ही मोड़ देता है.

लेकिन गुरुत्वाकर्षण एक पहेली है. जबकि अन्य बलों - विद्युत, चुंबकत्व, नाभिकीय - के नियम स्पष्ट और मात्रिक हैं, गुरुत्वाकर्षण एक अलग भाषा बोलता है. अल्बर्ट आइंस्टीन ने अपने सापेक्षता के सिद्धांत के साथ हमें इसकी झलक प्रदान की, यह दिखाते हुए कि यह बल द्रव्यमान द्वारा समय और स्थान के कपड़े में झुर्रियों के रूप में प्रकट होता है. लेकिन क्वांटम सिद्धांत के सूक्ष्म जगत में, ये झुर्रियां कहां गायब हो जाती हैं? यह गुरुत्वाकर्षण और क्वांटम सिद्धांत के बीच टकराव का नाटक है, जो ब्रह्मांड के भविष्य के लिए महत्वपूर्ण रहस्य रखता है.

क्वांटम जगत में, सब कुछ छोटे-छोटे पैकेटों में ऊर्जा का आदान-प्रदान करता है, जिन्हें क्वांटा कहा जाता है. लेकिन गुरुत्वाकर्षण के लिए, क्वांटम दुनिया का यह नियम मान्य नहीं लगता. गुरुत्वाकर्षण निरंतर और द्रव्यमान के अनुपात में कार्य करता है, छोटे पैकेटों में नहीं. इससे वैज्ञानिकों को सवाल खड़ा होता है कि क्वांटम जगत में गुरुत्वाकर्षण कैसे व्यवहार करता है? क्या यह क्वांटाइज्ड हो सकता है, छोटे गुरुत्वाकर्षण क्वांटा में विभाजित?

कुछ वैज्ञानिकों का मानना है कि ऐसा ही है. वे प्रस्ताव देते हैं कि गुरुत्वाकर्षण कण, जिन्हें ग्रेविटॉन्स कहा जाता है, मौजूद हो सकते हैं. ये कण, प्रोटॉन और इलेक्ट्रॉन की तरह, गुरुत्वाकर्षण बल का वाहक होंगे. लेकिन ग्रेविटॉन्स का पता लगाना आसान नहीं है. उनकी अत्यंत कमजोर

बातचीत और द्रव्यमान के साथ, वे गुप्त रहते हैं, ब्रह्मांड के शोर में खो जाते हैं.

फिर भी, गुरुत्वाकर्षण के क्वांटाइजेशन की खोज जारी है. प्रयोगशालाओं में अति-संवेदनशील उपकरणों के साथ वैज्ञानिक ग्रेविटॉन्स के संकेत तलाश रहे हैं. गुरुत्वाकर्षण तरंगों का पता लगाने के लिए विशाल लेजर इंटरफेरोमीटर का उपयोग किया जा रहा है, जो आइंस्टीन के द्वारा भविष्यवाणी की गई थीं और हाल ही में पहली बार प्रत्यक्ष रूप से देखी गई थीं.

यदि गुरुत्वाकर्षण के क्वांटाइजेशन की पुष्टि हो जाती है, तो यह भौतिकी में एक क्रांति होगी. यह क्वांटम सिद्धांत और सापेक्षता के सिद्धांतों को एकजुट करने की दिशा में एक बड़ा कदम होगा, ब्रह्मांड के मौलिक नियमों को एकीकृत करता हुआ. इससे न केवल ब्लैक होल और ब्रह्मांड के शुरुआती गठन को समझने में मदद मिलेगी, बल्कि गुरुत्वाकर्षण तरंगों के आधार पर नई तकनीकों और सूचना के माध्यमों का भी मार्ग प्रशस्त करेगा.

लेकिन गुरुत्वाकर्षण के रहस्य यहीं खत्म नहीं होते. हाल ही में, डार्क मैटर और डार्क एनर्जी के अदृश्य हाथों का पता लगाया गया है, जो ब्रह्मांड के अधिकांश पदार्थ और ऊर्जा को बनाते हैं.

Chapter 5: Particles in Collision

- Particle accelerators: Smashing atoms and unlocking new frontiers.

- Particle detectors: Capturing the ephemeral traces of subatomic interactions.

- Standard Model in action: Verifying predictions and searching for new particles.

Chapter 5: Particles in Collision

अध्याय 5: कणों का महा टकराव कण त्वरक: परमाणुओं को तोड़ना और नए क्षितिज खोलना।

कण त्वरक: परमाणुओं को तोड़ते हुए नए क्षितिजों का अनुसंधान

कल्पना कीजिए कि आप सूक्ष्म जगत की यात्रा पर हैं, परमाणुओं के आकार से भी छोटे कणों की दुनिया में. यहां, अदृश्य कण अविश्वसनीय गति से दौड़ते हैं, एक-दूसरे से टकराते हैं और रहस्यमय नृत्य करते हैं. इस अदृश्य ब्रह्मांड के रहस्यों को उजागर करने के लिए वैज्ञानिकों ने शक्तिशाली उपकरण बनाए हैं - कण त्वरक. ये जटिल मशीनें, परमाणुओं को प्रकाश की गति के करीब की गति तक बढ़ाकर, उन्हें टकराने के लिए मजबूर करते हैं, जिससे नए कणों और बल के अज्ञात आयामों का निर्माण होता है.

कण त्वरक आकार और तकनीक में विविध होते हैं. कुछ विशाल रिंग होते हैं, जहां कण चुंबकीय क्षेत्रों द्वारा निर्देशित होकर दौड़ते हैं, जैसे जिनेवा में प्रसिद्ध Large Hadron Collider (LHC). कुछ रैखिक त्वरक होते हैं, जो कि सीधे रास्ते में कणों को बढ़ाते हैं, जैसे भारत में PLASMA Accelerator. चाहे कोई भी तकनीक हो, लक्ष्य एक ही है - ब्रह्मांड के सबसे छोटे घटकों को समझने के लिए उनसे टकराने के प्रयोग करना.

जब कण उच्च गति से टकराते हैं, तो उनकी ऊर्जा विस्फोट करती है. यह ऊर्जा नए कणों के निर्माण में, या मौजूदा कणों के नए गुणों के प्रकट होने में बदल जाती है. मानो एक दीवार पर दो गेंद फेंकने से न सिर्फ दोनों

गेंदें उछलें, बल्कि धूल के कण भी हवा में उड़ें. कण त्वरकों में होने वाले टकरावों से ब्रह्मांड के कई रहस्यों का पता चला है.

LHC जैसे प्रयोगों ने हिग्स बोसोन के अस्तित्व की पुष्टि की है, एक कण जो अन्य कणों को द्रव्यमान प्रदान करता है. इससे मानक मॉडल, कण भौतिकी का वर्तमान ढांचा, मजबूत हुआ है. अन्य त्वरकों में किए गए प्रयोगों ने नए क्वार्क और लेप्टॉन जैसे कणों का पता लगाया है, और कमजोर नाभिकीय बल और प्रबल नाभिकीय बल के व्यवहार को बेहतर ढंग से समझने में मदद की है.

कण त्वरकों का अनुप्रयोग भौतिकी के अध्ययन से आगे भी जाता है. उनका उपयोग चिकित्सा क्षेत्र में कैंसर कोशिकाओं के उपचार के लिए उच्च-ऊर्जा विकिरण बीम बनाने के लिए किया जाता है. सुरक्षा क्षेत्र में, वे धातुओं और अन्य सामग्रियों के गुणों का विश्लेषण करने के लिए उपयोग किए जाते हैं, जिससे बेहतर मशीनरी और संरचनाओं का निर्माण होता है.

भविष्य में, कण त्वरक और भी शक्तिशाली बनने की उम्मीद है. वैज्ञानिक अगली पीढ़ी के त्वरकों का निर्माण कर रहे हैं, जो LHC से भी कई गुना अधिक शक्तिशाली होंगे. इन नए उपकरणों से बड़े कणों का निर्माण हो सकता है, जो डार्क मैटर और डार्क एनर्जी के रहस्यों को उजागर कर सकते हैं और भौतिकी के नियमों में पूरी तरह से बदलाव ला सकते हैं.

हालांकि, कण त्वरकों का उपयोग विवाद से भी मुक्त नहीं है. कुछ चिंताएं हैं कि ये शक्तिशाली उपकरण अज्ञात कणों के निर्माण के लिए प्रेरित कर सकते हैं, जो अनपेक्षित प्रभाव पैदा कर सकते हैं. नैतिक और सुरक्षा संबंधी मुद्दों पर भी चर्चा हो रही है, यह सुनिश्चित करने के लिए कि ये तकनीक मानव जाति के लाभ के लिए जिम्मेदारी से विकसित और उपयोग की जाएं.

कण संसूचकः क्षणभंगुर परमाणु नृत्य के अदृश्य पदचिह्नों को पकड़ते हुए

कल्पना कीजिए कि आप ब्रह्मांड के एक गुप्त थिएटर में बैठे हैं, जहां मंच पर परमाणुओं से भी छोटे कण अविश्वसनीय गति से एक महाकाव्य का प्रदर्शन कर रहे हैं. वे टकराते हैं, रूप बदलते हैं, नृत्य करते हैं और गायब हो जाते हैं, एक पलक झपकते ही ब्रह्मांड के मौलिक रहस्य उजागर करते हैं. लेकिन इस नाटक को देख पाना आसान नहीं है. इन क्षणभंगुर परमाणु नर्तियों के साक्षी बनने के लिए, वैज्ञानिकों ने अत्याधुनिक तकनीक के जादू की छड़ी का सहारा लिया है: कण संसूचक.

ये संसूचक सूक्ष्म जगत के जासूस हैं. वे इलेक्ट्रॉनिक जादूगर की तरह, कणों के टकराव से होने वाले हल्के संकेतों को पकड़ते हैं, उनकी ऊर्जा, गति और गुणों को मापते हैं. मानो आप एक धूल भरे कमरे में हों और धूप की एक किरण से गुजरने वाले धूल के कणों को देखने की कोशिश कर रहे हों. कण संसूचक उस किरण को इतना तेज बना देते हैं कि आप न सिर्फ कणों को देख सकते हैं, बल्कि उनकी आकृति, आकार और गति को भी समझ सकते हैं.

कण संसूचक अनेक रूपों में आते हैं. कुछ विशाल गुफाओं की तरह होते हैं, जहां कण चुंबकीय क्षेत्रों और विद्युत आवेशों के जाल में फंस जाते हैं, जैसे चेरिनकोव टेलीस्कोप जो ब्रह्मांड की किरणों का अध्ययन करते हैं. कुछ माइक्रोचिप्स की तरह सूक्ष्म होते हैं, जैसे सिलिकॉन डिटेक्टर जो LHC में कणों के टकराव का पता लगाते हैं. चाहे कोई भी तकनीक हो, हर संसूचक का उद्देश्य एक ही है - हमें उस दुनिया की एक झलक दिखाना जहां भौतिकी के मौलिक नियम तय होते हैं.

कण संसूचकों ने वैज्ञानिकों को कई अविश्वसनीय खोजें करने में सक्षम बनाया है. LHC में हिग्स बोसोन के अस्तित्व की पुष्टि करने से मानक मॉडल की पुष्टि हुई, कण भौतिकी का आधार. न्यूट्रिनो के द्रव्यमान को

मापने वाले प्रयोगों ने ब्रह्मांड के विकास के बारे में हमारे ज्ञान में क्रांति ला दी. सुपरनोवा अवशेषों के अध्ययन से ब्रह्मांड के भारी तत्वों के निर्माण की कहानी सामने आई.

कण संसूचकों का महत्व भौतिकी के अध्ययन से आगे भी जाता है. चिकित्सा क्षेत्र में वे PET स्कैनर के रूप में कैंसर का पता लगाने और निदान करने में मदद करते हैं. आणविक संरचना का विश्लेषण करने के लिए रसायन विज्ञान में उनका उपयोग होता है. पर्यावरण विज्ञान में वे वायुमंडल में रेडियोधर्मी कणों का पता लगाने में मदद करते हैं.

भविष्य में, कण संसूचक और भी अधिक परिष्कृत और संवेदनशील बनने की उम्मीद है. वैज्ञानिक बेहतर डिजिटल कैमरों की तरह, 3D छवियों में कणों के टकरावों को रिकॉर्ड करने के लिए नए तरीके विकसित कर रहे हैं. गुरुत्वाकर्षण तरंगों का पता लगाने के लिए और अधिक संवेदनशील लेजर इंटरफेरोमीटर बनाए जा रहे हैं. ये नई तकनीकें ब्रह्मांड के अज्ञात क्षेत्रों का पता लगाने में मदद करेंगी और हमारे मौलिक नियमों के बारे में हमारे ज्ञान को और आगे बढ़ाएंगी.

हालांकि, कण संसूचकों के विकास और उपयोग में चुनौतियां भी हैं.

मानक मॉडल का नृत्य: भविष्यवाणियों का परीक्षण और नए कणों की खोज

कल्पना कीजिए कि आप ब्रह्मांड के एक विशाल थिएटर में बैठे हैं. अदृश्य कण नाटक के कलाकार हैं, मंच पर घूमते और टकराते हुए एक जटिल कहानी सुनाते हैं. लेकिन यह कोई साधारण नाटक नहीं है. इसकी स्क्रिप्ट, जिसे मानक मॉडल कहा जाता है, भौतिक विज्ञान के जटिल नियमों द्वारा शासित है. यहाँ हम देखेंगे कि यह मानक मॉडल, कणों के इस महाकाव्य में, भविष्यवाणियों का परीक्षण कैसे करता है और नए पात्रों, नए कणों की खोज को कैसे प्रेरित करता है.

मानक मॉडल ब्रह्मांड की मूलभूत संरचना का एक नक्शा है. यह कणों के तीन परिवारों - क्वार्क, लेप्टॉन और गेज बोसॉन - और चार मूलभूत बलों - विद्युत चुंबकीय, मजबूत नाभिकीय बल, कमजोर नाभिकीय बल और गुरुत्वाकर्षण - को एकजुट करता है. यह हमें भविष्यवाणी करने की अनुमति देता है कि ये कण कैसे व्यवहार करेंगे, वे किन कणों में क्षय होंगे और किन परिस्थितियों में नए कण उत्पन्न होंगे. मानो आपके पास इस जटिल नाटक की स्क्रिप्ट हो, आप कलाकारों के संवाद, उनके कार्यों और कहानी के अंत की भविष्यवाणी कर सकते हैं.

मानक मॉडल अविश्वसनीय रूप से सफल रहा है. पिछले पचास से अधिक वर्षों में, इसने लगातार कणों और उनके व्यवहार के बारे में हमारे अवलोकनों की व्याख्या की है. इससे अविश्वसनीय खोजों का मार्ग प्रशस्त हुआ है, जैसे हिग्स बोसोन का पता लगाना, एक कण जो अन्य कणों को द्रव्यमान प्रदान करता है. मानक मॉडल की भविष्यवाणियों का यह निरंतर सत्यापन इसकी सटीकता का प्रमाण है, यह दर्शाता है कि यह नाटक की स्क्रिप्ट जितनी वास्तविक है.

लेकिन मानक मॉडल एक पूरी कहानी नहीं सुनाता. इसमें गुरुत्वाकर्षण बल, ब्रह्मांड का सबसे कमजोर बल, शामिल नहीं है. यह डार्क मैटर और

डार्क एनर्जी, ब्रह्मांड के लगभग 95% रहस्यमय घटकों की भी व्याख्या नहीं करता है. मानक मॉडल, भले ही सफल हो, एक अधूरा अध्याय है, हमें कहानी के आखिरी पन्ने की तलाश करने के लिए प्रेरित करता है.

यही वह जगह है जहां नए कणों की खोज का रोमांच शुरू होता है. मानक मॉडल की सीमाओं का अध्ययन करके, वैज्ञानिक ऐसे गुणों वाले कणों की तलाश कर रहे हैं जो इसमें मौजूद नहीं हैं. ये "नए भौतिकी" के संकेत हो सकते हैं, जो ब्रह्मांड के बारे में हमारी समझ को पूरी तरह से बदल सकते हैं. मानो नाटक के निर्देशक ने एक आश्चर्यजनक मोड़ का संकेत दिया हो, जिसकी दर्शकों को तभी उम्मीद नहीं थी.

LHC जैसे शक्तिशाली कण त्वरक इस खोज में महत्वपूर्ण भूमिका निभाते हैं. वे परमाणुओं को प्रकाश की गति के करीब की गति तक बढ़ाते हैं, उन्हें टकराकर नए कणों के निर्माण की संभावना को बढ़ाते हैं. ये संभावित नए कण क्षणभंगुर चमक की तरह होते हैं, जिनका पता लगाने के लिए अत्याधुनिक कण संसूचकों की शक्ति की आवश्यकता होती है. मानो नाटक के मंच पर एक क्षीण प्रकाश दिखाई दे, जो संकेत देता हो कि नया पात्र प्रवेश कर रहा है.

नए कणों की खोज का लक्ष्य केवल ज्ञान बढ़ाना नहीं है

Chapter 6: The Quantum Enigma

- Quantum weirdness: Entanglement, superposition, and the non-local nature of reality.

- Quantum paradoxes: Bell's theorem, measurement problem, and the observer effect.

- Interpretations of quantum theory: Copenhagen, Many-Worlds, and other attempts to make sense of it all.

Chapter 6: The Quantum Enigma

अध्याय 6: क्वांटम की पहेली क्वांटम

क्वांटम का जादूः उलझाव, सुपरपोजिशन और वास्तविकता का गैर-स्थानीय स्वरूप

कल्पना कीजिए कि आप एक जादू की दुकान में हैं, जहां बुनियादी भौतिकी के नियम अजीबोगरीब करतब दिखाते हैं. सिक्के एक ही समय में सिर और पट हो सकते हैं, गेंदें दीवारों से गुजर सकती हैं, और दो वस्तुएं इतनी घनिष्ठ रूप से जुड़ी हो सकती हैं कि एक को छूने से दूसरे पर तुरंत प्रभाव पड़ता है, चाहे वे कितनी भी दूर हों. यही क्वांटम यांत्रिकी का जादू है, जहां वास्तविकता परिचित दुनिया की सीमाओं को धक्का देती है और अजीबोगरीब सिद्धांतों का एक नृत्य प्रस्तुत करती है.

इस क्वांटम नाटक के केंद्र में तीन प्रमुख खिलाड़ी हैं: उलझाव, सुपरपोजिशन और गैर-स्थानीयता. आइए इनका परिचय लें:

1. उलझाव (Entanglement): आप दो कणों को उलझा हुआ कह सकते हैं यदि वे एक अजीब तरह से जुड़े हुए हैं, एक प्रकार का ब्रह्मांडीय जुड़वा. इन कणों का भाग्य आपस में जुड़ा हुआ है, भले ही उन्हें कितनी भी दूर अलग किया जाए. अगर आप एक कण की विशेषता को मापते हैं, तो दूसरे कण की संबंधित विशेषता तुरंत ही निर्धारित हो जाती है, जैसे मानो वे किसी अदृश्य तार से बंधे हों. यह टेलीपैथिक संचार की तरह लग सकता है, लेकिन यह वास्तव में क्वांटम सहसंबंध का परिणाम है, जहां उलझाव के दौरान निर्मित सूचना दोनों कणों में निहित होती है, जिससे उनके गुण आपस में जुड़ जाते हैं.

2. सुपरपोजिशन (Superposition): क्वांटम दुनिया में, चीजें हमेशा निश्चित नहीं होती हैं. एक इलेक्ट्रॉन एक ही समय में एक से अधिक स्थानों पर होने की संभावना रखता है, एक सिक्का सिर और पट दोनों होने की स्थिति में हो सकता है. इसे सुपरपोजिशन कहा जाता है, जहां एक कण विभिन्न संभावित अवस्थाओं के मिश्रण में मौजूद होता है. जब हम कण की अवस्था को मापते हैं, तो तरंग ढह जाती है और कण एक निश्चित अवस्था में आ जाता है. यह क्वांटम अनिश्चितता का सिद्धांत है, जो बताता है कि हम किसी कण की सभी गुणों को एक साथ सटीक रूप से नहीं जान सकते.

3. गैर-स्थानीयता (Non-locality): उलझाव गैर-स्थानीयता की ओर इशारा करता है, यह विचार कि दो उलझे हुए कण किसी भी दूरी पर एक-दूसरे से तुरंत जुड़े हुए हैं. यदि आप एक कण की स्पिन को मापते हैं और पाते हैं कि यह ऊपर की ओर है, तो उसी क्षण दूसरे कण की स्पिन नीचे की ओर होगी, भले ही वे आकाशगंगाओं के अलग-अलग छोर पर हों. यह एम्स्टीन को इतना परेशान करता था कि उन्होंने इसे "दूर की कार्रवाई" कहा, क्योंकि यह सापेक्षता के सिद्धांत के साथ टकराता था, जो कहता है कि सूचना प्रकाश की गति से अधिक तेजी से यात्रा नहीं कर सकती है. लेकिन प्रयोगों ने बार-बार साबित किया है कि उलझाव वास्तविक है, और गैर-स्थानीयता क्वांटम दुनिया का एक मौलिक पहलू है.

क्वांटम विरोधाभास: बेल का प्रमेय, मापन समस्या और पर्यवेक्षक प्रभाव

क्वांटम जगत, जहां मौलिक कण अजीब नृत्य करते हैं और वास्तविकता के परिचित नियम बिखर जाते हैं, अपने साथ न केवल आश्चर्यजनक खोजें, बल्कि दिमाग हिलाने वाले विरोधाभास भी लाता है. ये रहस्यमय पहेलियां भौतिकी की नींव पर सवाल उठाती हैं और हमें वास्तविकता की प्रकृति के बारे में गहराई से सोचने को मजबूर करती हैं. आइए क्वांटम यांत्रिकी के तीन प्रमुख विरोधाभासों की पड़ताल करें:

1. बेल का प्रमेय और स्थानीय यथार्थवाद: अल्बर्ट आइंस्टीन को क्वांटम यांत्रिकी के गैर-स्थानीय स्वरूप में बहुत परेशानी थी, विशेष रूप से उलझाव के कारण. उनका मानना था कि भौतिक दुनिया पूरी तरह से "स्थानीय" है, जिसका अर्थ है कि सूचना प्रकाश की गति से अधिक तेजी से यात्रा नहीं कर सकती है. बेल का प्रमेय ने आइंस्टीन के संदेह को एक गणितीय रूप दिया. यह दिखाता है कि यदि स्थानीय यथार्थवाद सत्य है, तो उलझे हुए कणों के व्यवहार के कुछ पहलू असंभव होने चाहिए. हालांकि, प्रयोगों ने साबित किया है कि ये कथित रूप से असंभव विसंगतियां वास्तव में होती हैं, बेल के प्रमेय की भविष्यवाणियों का समर्थन करती हैं और स्थानीय यथार्थवाद को गंभीर रूप से चुनौती देती हैं.

2. मापन समस्या और लहर-कण द्वंद्व: क्वांटम कण एक विचित्र अस्तित्व के रूप में विद्यमान होते हैं, जहां वे एक ही समय में विभिन्न संभावित राज्यों के ओवरले में होते हैं. इसे सुपरपोजिशन कहा जाता है. लेकिन जब हम कण को मापते हैं, तो लहर समारोह ढह जाता है और कण एक विशिष्ट अवस्था में प्रकट होता है. यह पर्यवेक्षक का प्रभाव है, यह विचार कि मापन द्वारा ही वास्तविकता का निर्माण होता है. मापन समस्या इस विचार को जटिल बना देती है. सवाल उठता है कि क्या लहर समारोह का ढहना मापन उपकरण के साथ बातचीत का परिणाम है, या यह किसी तरह की चेतना या पर्यवेक्षक की आवश्यकता के बिना, स्वतंत्र रूप से

होता है? मापन समस्या क्वांटम और शास्त्रीय दुनिया के बीच की रेखा को धुंधला देती है, और भौतिक वास्तविकता की प्रकृति के बारे में गहन दार्शनिक निहितार्थ रखती है.

3. श्रोडिंगर की बिल्ली और बहु-विश्व ब्रह्मांड: ऑस्ट्रियाई भौतिक विज्ञानी एर्विन श्रोडिंगर ने एक मानसिक प्रयोग बनाया जिसे "श्रोडिंगर की बिल्ली" कहा जाता है, जो मापन समस्या की विचित्रता को उजागर करता है. एक बंद बॉक्स में एक बिल्ली को बिल्ली के जहर के टूटने से जुड़े एक क्वांटम सिस्टम के साथ रखा जाता है. जहर का टूटना बिल्ली की मृत्यु का कारण बन सकता है. क्वांटम सुपरपोजिशन के अनुसार, जब तक बॉक्स को खोलकर जांच नहीं की जाती, तब तक सिस्टम और बिल्ली दोनों जहर टूटने की अवस्थाओं के ओवरले में होते हैं. बॉक्स खोलने पर ही एक अवस्था "वास्तविक" बनती है और बिल्ली जीवित या मृत पाई जाती है. श्रोडिंगर की बिल्ली का प्रयोग यह सवाल उठाता है कि क्या सुपरपोजिशन मापन तक वास्तविक है, या यह केवल एक गणनात्मक उपकरण है? क्या मापन के साथ बहु-विश्व ब्रह्मांडों का विभाजन होता है, जहां प्रत्येक संभावित परिणाम के लिए एक वास्तविकता मौजूद है?

क्वांटम सिद्धांत की व्याख्याएं: कोपेनहेगन, बहु-विश्व और अंधेरे में टटोलना

क्वांटम यांत्रिकी, भौतिकी का जादुई जगत, हमें वास्तविकता के ऐसे पक्ष दिखाता है जो हमारे परिचित रास्ते से बहुत दूर हैं. लेकिन इन अद्भुत खोजों के साथ ही जटिल प्रश्न भी उभरते हैं - कण वास्तव में क्या हैं? वे एक ही समय में कई स्थानों पर कैसे हो सकते हैं? मापन वास्तव में क्या करता है? इन पहेलियों के उत्तर देने के लिए वैज्ञानिकों ने विभिन्न व्याख्याओं का प्रस्ताव रखा है, जो क्वांटम दुनिया की समझ को अर्थ देने का प्रयास करते हैं. आइए कुछ प्रमुख व्याख्याओं पर नज़र डालें:

1. कोपेनहेगन व्याख्या: यह सबसे व्यापक रूप से स्वीकृत व्याख्याओं में से एक है, जिसे नील्स बोहर और वर्नर हाइजनबर्ग ने विकसित किया है. इसे समझने के लिए, कल्पना कीजिए कि आप एक बॉक्स में नज़र डाल रहे हैं जिसमें सिक्का बंद है. जब तक आप उस बॉक्स को खोलकर नहीं देखते, सिक्का सिर और पट दोनों होने की स्थिति में सुपरपोजिशन में है. कोपेनहेगन व्याख्या का कहना है कि मापन ही वह कार्य है जो लहर समारोह को ढहने का कारण बनता है और सिक्के को एक निश्चित अवस्था (सिर या पट) में ले जाता है. यह पर्यवेक्षक को वास्तविकता के निर्माण में एक सक्रिय भूमिका देता है.

2. बहु-विश्व व्याख्या: यह ह्यूग एवरेट द्वारा प्रस्तावित एक अधिक विवादास्पद व्याख्या है. यह सुझाव देता है कि जब भी एक कण का मापन किया जाता है, वास्तव में सभी संभावित परिणाम वास्तविकता में विभाजित हो जाते हैं, जिससे समानांतर ब्रह्मांडों का एक नेटवर्क बन जाता है. इसलिए, बॉक्स में बंद सिक्के की व्याख्या में, मापन के क्षण में ब्रह्मांड दो में विभाजित हो जाता है - एक जहां सिक्का सिर है और दूसरा जहां पट है. हालांकि यह व्याख्या आइंस्टीन को नापसंद थी, इसका गणितीय ढांचा सुसंगत है और क्वांटम यांत्रिकी के कुछ पहलुओं की सटीक व्याख्या करता है.

3. अन्य व्याख्याएं: कोपेनहेगन और बहु-विश्व व्याख्याओं के अलावा, कई अन्य व्याख्याएं भी मौजूद हैं, जिनमें से प्रत्येक की अपनी ताकत और कमजोरियां हैं. कुछ, जैसे संबंध आधारित व्याख्या, सिस्टम और उसके वातावरण के बीच सूचना प्रवाह पर जोर देते हैं. अन्य, जैसे निरंतर पतन व्याख्या, सुझाव देते हैं कि तरंग समारोह का ढहना मापन से स्वतंत्र रूप से होता है. ये व्याख्याएं हमें क्वांटम दुनिया के विभिन्न पहलुओं को समझने के लिए अलग-अलग दृष्टिकोण प्रदान करती हैं.

चुनौती और भविष्य: किसी भी व्याख्या को क्वांटम यांत्रिकी के सभी रहस्यों को पूरी तरह से समझाने में सक्षम नहीं है. प्रत्येक के अपने अनसुलझे सवाल और दार्शनिक निहितार्थ हैं. उदाहरण के लिए, कोपेनहेगन व्याख्या पर्यवेक्षक की भूमिका पर सवाल उठाती है, जबकि बहु-विश्व व्याख्या अनंत समानांतर ब्रह्मांडों के अस्तित्व की अनिश्चितता के साथ जूझती है.

भविष्य में, उन्नत प्रयोग और तकनीकें हमें क्वांटम दुनिया की बेहतर समझ हासिल करने में मदद कर सकती हैं. नई सूचना हमें मौजूदा व्याख्याओं में सुधार करने या पूरी तरह से नई व्याख्याओं का विकास करने के लिए प्रेरित कर सकती है. क्वांटम यांत्रिकी की व्याख्याओं का सफर अभी जारी है, और यह संभव है

Chapter 7: Quantum Revolution - Applications and Beyond

- Quantum technology: The future of computing, cryptography, and materials science.

- Unifying the forces: Grand Unified Theory and the quest for a complete picture.

- Beyond the Standard Model: Dark matter, dark energy, and new mysteries to explore.

- Final thoughts: The impact of particle physics and quantum theory on our understanding of the universe and ourselves.

Chapter 7: Quantum Revolution - Applications and Beyond

Chapter 7: क्वांटम प्रौद्योगिकी: कंप्यूटिंग, क्रिप्टोग्राफी और सामग्री विज्ञान का भविष्य

बलों का एकीकरण: ग्रैंड यूनिफाइड थ्योरी और एक संपूर्ण चित्र की खोज

ब्रह्मांड एक महान नाटक है, जो चार शक्तिशाली बलों के नृत्य द्वारा निर्देशित है: गुरुत्वाकर्षण, विद्युत चुंबकीय बल, मजबूत नाभिकीय बल और कमजोर नाभिकीय बल. ये बल ग्रहों की कक्षाओं से लेकर परमाणुओं के केंद्र तक, सब कुछ प्रभावित करते हैं. लेकिन क्या ये चार बल वास्तव में अलग-अलग हैं, या वे गहरे स्तर पर एकजुट हैं? यह ग्रैंड यूनिफाइड थ्योरी (GUT) का पवित्र कं Grail है, एक एकल सिद्धांत जो सभी बलों को एक ही बल के विभिन्न पहलुओं के रूप में वर्णित करेगा.

GUT की खोज एक महत्वाकांक्षी लक्ष्य है, भौतिकी की अंतिम पहेलियों में से एक का जवाब देने का प्रयास. यह हमें ब्रह्मांड के शुरुआती क्षणों की झलक प्रदान करेगा, जब सभी बल एक एकल, मूलभूत बल में एकजुट थे. यह न केवल हमारे ब्रह्मांड के मौलिक नियमों को समझने में क्रांतिकारी बदलाव लाएगा, बल्कि नए कणों और बलों के अस्तित्व की भविष्यवाणी भी कर सकता है.

मानक मॉडल से परे:

आज तक, हमारे पास मानक मॉडल है, जो तीन बलों (विद्युत चुंबकीय, मजबूत और कमजोर नाभिकीय) के व्यवहार का सटीक रूप से वर्णन करता है. हालांकि, यह गुरुत्वाकर्षण को ध्यान में नहीं रखता है और चार बलों को अलग-अलग संस्थाओं के रूप में मानता है. GUT का लक्ष्य इन सीमाओं को पार करना है, एक ऐसा सिद्धांत बनाना जो सभी बलों को एक एकल गणितीय ढांचे में एकजुट कर सके.

GUT की खोज के संभावित पुरस्कार:

ब्रह्मांड के शुरुआती क्षणों को समझना: GUT हमें उस भयावह गर्म और घने अवस्था की बेहतर समझ प्रदान करेगा जिसमें ब्रह्मांड Big Bang के बाद अस्तित्व में आया था. इस अवस्था में, सभी बल एक साथ एकजुट हो गए थे, और GUT हमें यह समझने में मदद कर सकता है कि वे कैसे अलग हो गए और आज की तरह बन गए.

नए कणों और बलों की भविष्यवाणी: GUT के गणितीय रूप से नए कणों और बलों के अस्तित्व का सुझाव दिया जा सकता है जो अभी तक खोजे नहीं गए हैं. ये कण अंधेरे पदार्थ, अंधेरे ऊर्जा और अन्य रहस्यों को समझने की कुंजी हो सकते हैं जो अभी भी विज्ञान को हैरान करते हैं.

बलों के एकीकरण की सुंदरता: भौतिकी के मौलिक बलों को एक एकल सिद्धांत में एकजुट करना ब्रह्मांड के सौंदर्य और इसकी अंतर्निहित सरलता की एक गहरी प्रशंसा को प्रेरित करता है. यह एक वैज्ञानिक उपलब्धि होगी जो सदियों तक वैज्ञानिकों और दार्शनिकों को प्रेरित करती रहेगी.

GUT की खोज की चुनौतियां:

गुरुत्वाकर्षण का शामिल करना: गुरुत्वाकर्षण को क्वांटम सिद्धांत के साथ जोड़ना सबसे बड़ी चुनौतियों में से एक है. गुरुत्वाकर्षण के लिए कोई

सफल क्वांटम सिद्धांत अभी तक नहीं बनाया गया है, और इसे GUT में शामिल करना GUT के निर्माण को एक अत्यंत जटिल कार्य बनाता है.

- प्रायोगिक सत्यापन: GUT की भविष्यवाणियों का परीक्षण करना भी मुश्किल है. नए कणों और बलों का पता लगाना अक्सर महंगे और तकनीकी रूप से चुनौतीपूर्ण प्रयोगों की आवश्यकता होती है, और बड़ी मात्रा में डेटा का विश्लेषण किया जाना चाहिए.

- कई संभावित GUTs: दुर्भाग्य से, एकल, अद्वितीय GUT नहीं है. कई गणितीय रूप से सुसंगत GUTs मौजूद हैं

बलों का एकीकरण: ग्रैंड यूनिफाइड थ्योरी और एक संपूर्ण चित्र की खोज

ब्रह्मांड का नाटक चार शक्तिशाली नर्तकों के इशारों पर चलता है - गुरुत्वाकर्षण, विद्युत चुंबकीय बल, मजबूत नाभिकीय बल और कमजोर नाभिकीय बल. ये आकाशगंगाओं के घूमने से लेकर परमाणुओं के केंद्र तक, हर चीज को नियंत्रित करते हैं. पर क्या ये बल वास्तव में अलग-अलग हैं, या किसी गहरे तार में ये जुड़े हुए हैं? यही ग्रैंड यूनिफाइड थ्योरी (GUT) का पवित्र कं Grail है - एक ऐसा एकल सिद्धांत जो सभी बलों को एक ही मूल बल के विभिन्न पहलुओं के रूप में प्रस्तुत करेगा.

GUT की खोज ब्रह्मांड के सबसे बड़े रहस्यों में से एक का उत्तर खोजने का अत्यंत महत्वाकांक्षी लक्ष्य है. यह हमें बिग बैंग के शुरुआती क्षणों की झलक दिखाएगा, जब सभी बल एक ही मूलभूत बल में एकजुट थे. न केवल यह हमारे मौलिक नियमों को फिर से लिखेगा, बल्कि नए कणों और बलों के अस्तित्व की भविष्यवाणी भी कर सकता है.

मानक मॉडल की सीमाएं:

आज, हमारे पास मानक मॉडल है, जो तीन बलों (विद्युत चुंबकीय, मजबूत और कमजोर नाभिकीय) के व्यवहार का अविश्वसनीय रूप से सटीक वर्णन करता है. लेकिन यह गुरुत्वाकर्षण को ध्यान में नहीं रखता है और चार बलों को अलग-अलग इकाइयों के रूप में मानता है. GUT इन सीमाओं को पार करना चाहता है, एक ऐसा सिद्धांत बनाना जो सभी बलों को एक ही गणितीय छतरी के नीचे लाए.

GUT के खोज के संभावित पुरस्कार:

ब्रह्मांड के शुरुआती क्षणों को समझना: GUT हमें बिग बैंग के बाद के ब्रह्मांड के उस बेहद गर्म और घने अवस्था की बेहतर समझ प्रदान

करेगा. इस अवस्था में, सभी बल एक साथ जुड़े हुए थे, और GUT हमें यह समझने में मदद कर सकता है कि वे कैसे अलग हो गए और आज की तरह बन गए.

- नए कणों और बलों की भविष्यवाणी: GUT के गणितीय रूप से ऐसे नए कणों और बलों के अस्तित्व का सुझाव दिया जा सकता है जिनकी खोज अभी तक नहीं हुई है. ये कण अंधेरे पदार्थ, अंधेरे ऊर्जा और अन्य रहस्यों को समझने की कुंजी हो सकते हैं जो अभी भी विज्ञान को हैरान करते हैं.

- सौंदर्य और सरलता: सभी बलों को एक सिद्धांत में एकजुट करना ब्रह्मांड के सौंदर्य और अंतर्निहित सरलता का एक गहन प्रशंसा जगाता है. यह वैज्ञानिक उपलब्धि आने वाले कई पीढ़ियों के वैज्ञानिकों और दार्शनिकों को प्रेरित करती रहेगी.

GUT की खोज की चुनौतियां:

- गुरुत्वाकर्षण का समावेश: गुरुत्वाकर्षण को क्वांटम सिद्धांत के साथ संयोजित करना सबसे बड़ी बाधाओं में से एक है. गुरुत्वाकर्षण के लिए कोई सफल क्वांटम सिद्धांत अभी तक नहीं बनाया गया है, और इसे GUT में शामिल करना GUT के निर्माण को अत्यंत जटिल बनाता है.

- प्रायोगिक सत्यापन: GUT की भविष्यवाणियों का परीक्षण करना भी कठिन है. नए कणों और बलों का पता लगाने के लिए अक्सर महंगे और तकनीकी रूप से कठिन प्रयोगों की आवश्यकता होती है, और बड़ी मात्रा में डेटा का विश्लेषण किया जाना चाहिए.

- कई संभावित GUTs: दुर्भाग्य से, कोई एकल, अद्वितीय GUT नहीं है. कई गणितीय रूप से सुसंगत GUTs मौजूद हैं, जिनमें से प्रत्येक सभी बलों को एकजुट करता है लेकिन भविष्यवाणियां अलग-अलग करता है. इसलिए, यह निर्धारित करना मुश्किल है

मानक मॉडल से परे: डार्क मैटर, डार्क एनर्जी और अन्वेषण के नए रहस्य

मानक मॉडल, भौतिकी का एक शानदार मील का पत्थर, हमें कणों और बलों के जटिल नृत्य को समझने की शक्ति प्रदान करता है. किंतु, ब्रह्मांड का पूरा परिदृश्य इस मॉडल के कैनवास पर नहीं समाता. अदृश्य धागा खींचकर ब्रह्मांड के तारतम्य को बनाए रखने वाला डार्क मैटर, विस्तार की अदृश्य धारा के रूप में बहने वाली डार्क एनर्जी, और मानक मॉडल की सीमाओं के बाहर छिपे नए कण और बल - ये रहस्य हमें मानक मॉडल से परे, अनदेखे क्षेत्रों की खोज करने के लिए प्रेरित करते हैं.

दार्क मैटर का अदृश्य नृत्य:

आकाशगंगाएं आकाशीय महासागरों की तरह घूमती हैं, उनके तारे विशाल बांहों में नक्षत्रों की तरह चमकते हैं. किंतु, गुरुत्वाकर्षण का नियम हमें बताता है कि ये आकाशगंगाएं अस्थिर होनी चाहिए, अरबों वर्षों में टूटकर बिखर जाना चाहिए. परंतु ऐसा नहीं होता. एक अदृश्य हाथ उन्हें बांधे रखता है, एक ऐसा पदार्थ जिसे हम देख नहीं सकते, माप नहीं सकते - दार्क मैटर. ब्रह्मांड के लगभग 85% दार्क मैटर से बना हुआ है, एक रहस्यमय पदार्थ जो मानक मॉडल के कणों से किसी भी तरह की बातचीत नहीं करता. लेकिन इसका गुरुत्वाकर्षण का प्रभाव स्पष्ट है, आकाशगंगाओं को आकार प्रदान करना और उनके घूर्णन को स्थिर करना.

दार्क मैटर की प्रकृति एक वैज्ञानिक पहेली है. वैज्ञानिक विभिन्न सिद्धांतों की खोज कर रहे हैं, यह प्रस्तावित करते हुए कि यह बड़े पैमाने पर कमजोर रूप से परस्पर क्रिया करने वाले कणों का एक चिड़ियाघर हो सकता है, विचित्र गुणों वाले नए प्रोटोकण हो सकते हैं, या यहां तक कि गुरुत्वाकर्षण के मौलिक गुणों में ही कुछ छिपा सच हो सकता है. दार्क मैटर का पता लगाना भौतिकी की सबसे बड़ी चुनौतियों में से एक है,

लेकिन एक्स-रे दूरबीनों, अंडरग्राउंड प्रयोगों और नई कण त्वरकों का उपयोग करके वैज्ञानिक लगातार आगे बढ़ रहे हैं. डार्क मैटर की खोज ब्रह्मांड के एक बड़े हिस्से के गुरुत्वाकर्षण व्यवहार की व्याख्या करने के लिए क्रांतिकारी होगी, और भौतिकी के मानक मॉडल को बदल सकती है.

डार्क एनर्जी का विस्तार गीत:

ब्रह्मांड का विस्तार कर रहा है, यह सत्य हमें एडविन हबल के दूरबीन के माध्यम से लगभग शताब्दी पहले ही झिलमिला दिखाई दे गया था. लेकिन 1998 में, एक चौंकाने वाली खोज ने हमारे ब्रह्मांड के भाग्य के बारे में हमारी समझ को उलट दिया. टाइप Ia सुपरनोवा का अध्ययन करते हुए, खगोलविदों ने पाया कि ब्रह्मांड का विस्तार न केवल स्थिर हो रहा है, बल्कि वास्तव में गति प्राप्त कर रहा है. इस रहस्यमय बल को डार्क एनर्जी कहा जाता है, जो ब्रह्मांड के लगभग 70% को बनाता है.

डार्क एनर्जी की प्रकृति और भी रहस्यमय है. यह न तो द्रव्यमान के साथ बातचीत करती है और न ही किसी बल के साथ, फिर भी यह ब्रह्मांड के विस्तार को तेज करती है. कुछ सिद्धांतों का सुझाव है कि यह ब्रह्मांड के निर्वात में निहित ऊर्जा का एक रूप है, जिसे शून्य-बिंदु ऊर्जा कहा जाता है.

अंतिम विचार: कण भौतिकी और क्वांटम सिद्धांत का ब्रह्मांड और खुद के बारे में हमारी समझ पर प्रभाव

कण भौतिकी और क्वांटम सिद्धांत ने हमें ब्रह्मांड के बारे में कुछ सबसे बुनियादी सवालों के जवाब खोजने की एक अविश्वसनीय यात्रा पर ले जाया है. आणविक नृत्य से लेकर आकाशगंगाओं के जन्म तक, इन क्षेत्रों ने हमारे आसपास की वास्तविकता के लिए एक सूक्ष्म लेंस प्रदान किया है. हमारी समझ पर उनके प्रभाव को अंतिम रूप देना मुश्किल है, क्योंकि उनकी तरंगें न केवल ब्रह्मांड के कपड़े को बल्कि मानवता की धारणा को भी हिलाती हैं.

ब्रह्मांड का नाटक समझना:

पहले, ब्रह्मांड एक रहस्यमय, अंधकारमय स्थान था. लेकिन कण भौतिकी ने प्रकाश डाला है. हमने कणों के जटिल जाल को उजागर किया है, चार बलों के नृत्य को समझा है, और बिग बैंग के गूंजते गीत को सुना है. हम जानते हैं कि ब्रह्मांड कैसे शुरू हुआ, कैसे विकसित हुआ, और कैसे भविष्य में आगे बढ़ेगा. यह ज्ञान हमें न केवल आश्चर्यचकित करता है, बल्कि हमारी जगह और उद्देश्य के बारे में भी सवाल उठाता है.

स्वयं की धारणा को चुनौती देना:

क्वांटम सिद्धांत हमारे स्वयं के अस्तित्व की प्रकृति को फिर से परिभाषित करता है. हमें पता चला है कि वास्तविकता निश्चित नहीं है, यह संभावनाओं का एक नाजुक नृत्य है, जहां कण एक ही समय में एक से अधिक स्थानों पर मौजूद हो सकते हैं, और जानकारी प्रकाश की गति से तेज यात्रा कर सकती है. यह ज्ञान हमें विनम्र करता है, हमें याद दिलाता है कि हम एक बड़े ब्रह्मांड के छोटे हिस्से हैं, और हमारी धारणाएं जितनी वास्तविक लगती हैं, उतनी ही धुंधली भी हो सकती हैं.

प्रौद्योगिकी और सामाजिक प्रभाव:

कण भौतिकी और क्वांटम सिद्धांत के प्रभाव भौतिकी के प्रयोगशालाओं से कहीं आगे तक भी जाते हैं. इन क्षेत्रों से उभरने वाली तकनीकें चिकित्सा, संचार और सामग्री विज्ञान में क्रांति ला रही हैं. क्वांटम कंप्यूटर शक्तिशाली दवाओं की डिजाइन, मौसम की भविष्यवाणी और वित्तीय मॉडलिंग में क्रांति लाने का वादा करते हैं. कण त्वरक नई सामग्री विकसित कर रहे हैं जो हल्के, मजबूत और अधिक कुशल हैं. ये नवाचार हमारे जीवन को बेहतर बनाने में मदद कर रहे हैं, लेकिन साथ ही नैतिक और सामाजिक प्रश्न भी उठाते हैं.

जिज्ञासा का एक अंतहीन ब्रह्मांड:

हालांकि कण भौतिकी और क्वांटम सिद्धांत ने हमें बहुत कुछ सिखाया है, लेकिन ब्रह्मांड अभी भी कई रहस्य रखता है. डार्क मैटर और डार्क एनर्जी जैसे रहस्य हमारे ज्ञान की सीमाओं को चुनौती देते हैं. नए कणों और बलों का अस्तित्व की संभावना हमें अन्वेषण के लिए लुभाती है. जैसा कि हम खोज करते रहते हैं, हमें न केवल नए ज्ञान की आशा रखनी चाहिए, बल्कि उस अनिश्चितता और आश्चर्य को भी गले लगाना चाहिए जो ब्रह्मांड का हिस्सा है.

कण भौतिकी और क्वांटम सिद्धांत केवल कणों और तरंगों के बारे में अध्ययन नहीं हैं. वे इस बारे में हैं कि हम ब्रह्मांड को कैसे समझते हैं, हम खुद को कैसे देखते हैं, और हम भविष्य में क्या बनने की क्षमता रखते हैं. इन क्षेत्रों का दायरा ब्रह्मांड के सबसे सूक्ष्म कणों से लेकर हमारे अस्तित्व के सबसे गहरे सवालों तक फैला हुआ है.